BIM-REVIT Design Guide

建築與室內設計應用指南

吳建禾 著

推薦序

BIM不僅是一項技術變革，也是建築設計流程的變革，愈來愈多的建築設計實務，以BIM作為一個開放性共通的平台進行建模與資訊交換，BIM技術逐步將傳統建築作業流程標準化、建築元件模組化、設計規則邏輯化，先進的建築師事務所，在建築設計初期階段，採取參數化設計連結BIM技術與能源分析工具，成為一種創新永續的設計方法。BIM建築資訊模型技術的成熟，也將BIM工具平台逐步導入建築生命週期的管理實務流程。預期下一波的BIM發展趨勢，將朝向BIM與人工智慧結合，在BIM知識性、邏輯性的平台導入AI技術，加速目前建築設計作業流程的效率、生產力與創造力。

市面上有許多BIM相關的叢書，個人特別推薦此書，主要這是作者近二十年來在建築與室內設計實務經驗累積，可以視為BIM實戰手冊，涵蓋的範圍從BIM的基本概念、REVIT軟體操作重點、外掛資源整合應用、系統化的整合圖說資料庫，最後提出未來的願景包括BIM優化整合與AI自動化，這不只是BIM軟體的操作手冊，還指引許多實務應用上所需要外部資源、有效圖說整合與專案系統化管理的訣竅，作者無私的分享其過去實戰的經驗，透過圖像案例式的呈現，深入淺出、明顯易懂的介紹方式，得以一窺BIM堂奧，十分難能可貴。

本書作者吳建禾博士是我教過最優秀的學生之一，自成大建築系取得博士學位後，以其純熟的BIM技術，非常有效率的完成許多大大小小的建築與室內設計作品，過去我經常催促他將其多年BIM經驗撰寫成書，以利於知識的分享與傳播，因為他是建築界少數具有理論與實務的基礎，具備前瞻技術實踐的能力，並不斷的吸取探索新知、精進BIM技術，如今欣見他將多年累積的實戰經驗，完成《BIM-REVIT Design Guide 建築與室內設計應用指南》一書，相信本書將成為BIM實務界不可或缺的參考書。

――――― 國立成功大學建築系 鄭泰昇 教授

多年來臺大BIM研究中心一直在以BIM技術協助營建產業進行數位轉型上努力，身為中心主任，我也一直密切觀察BIM實務應用的發展。我發現臺灣的營建產業雖然是屬於傳統而相對保守的，也有許多不利於推動數位轉型的文化、法規制度、生態系統等，但總是看到有一些人懷抱理想，不畏環境艱難，一步一腳印地突破層層障礙，做出成功案例來相互激勵，也讓臺灣營建產業的BIM實務應用雖少有國外大型專案之華麗，卻有不少細膩紮實的成果。

最近這幾年欣見有不少年輕世代人才加入，不僅承繼前人的理想與熱情，也同樣樂意為共好而分享，並且在數位工具之運用上更自然流暢，且屢有創新。本書的作者，吳建禾建築師，就是這麼一位走在數位轉型前緣，且不斷精進的新世代明星級人才。

很高興看到建禾出書分享多年應用BIM於建築與室內設計領域的知識與實務應用經驗。這本《BIM-REVIT Design Guide 建築與室內設計應用指南》共有六大章節，涵蓋了BIM的核心概念、工作流程、Revit軟體的應用技巧以及實際案例等內容。不僅提供了詳盡的理論基礎，還強調了實際應用的重要性。透過深入的解析和具體的示範，讀者能夠瞭解如何將BIM工具應用於實際專案中，並提高設計效率和準確性。

誠摯地推薦這本書，我相信無論是學生還是專業人士，都將從中受益匪淺。這本書不僅提供了BIM的理論知識，更注重實務應用，使讀者能夠快速上手並應用於自己的專案中。因此，它不僅是學習BIM的寶貴資源，也是提升自身專業能力的重要指南；它除了為BIM實踐帶來重要參考，也為建築和室內設計開啟新的可能。

――――― 國立臺灣大學土木工程學系教授，
兼臺大BIM研究中心主任及臺灣BIM聯盟召集人 謝尚賢

作為一位擁有多年BIM應用豐富經驗的事務所負責人，誠摯地向所有建築師和室內設計師推薦這本《BIM-REVIT Design Guide 建築與室內設計應用指南》。這是一本極具價值的指南，它深入剖析了BIM和REVIT的應用，為我們在當今快速變化的建築行業中保持競爭力提供了關鍵的見解和實用技巧。

建禾是少數結合理論與實戰經驗非常豐富的建築師，所以在這本指南中不僅闡述了BIM和REVIT的技術細節，更重要的是，它以一位過來人的角度，分享了寶貴的經驗和教訓。它提出了在實際項目中應用BIM和REVIT的挑戰，並提供了有效的解決方案。這些解決方案涵蓋了建模技巧、資訊管理、協作流程和可視化呈現等關鍵領域，讓我們能夠克服困難並提升設計效率。

作為一位經過實踐驗證的建築師，我可以明確地說，無論是初學者還是有豐富經驗的專業人士，這本書都將成為您的可靠指導，幫助讀者跟上趨勢，展現您的設計創造力和專業能力！

——— 台北國際聯合建築師事務所 主持建築師 張國章

BIM是建築資訊化最重要的里程碑，它邀請所有團隊同時在電腦裏先把建築蓋一遍，設計同時整合建築、結構、機電，讓後續營建業及材料工法供應端也因提前整合，而降低錯誤減少耗損，甚至未來使用及營運管理端更能藉這資訊模型來運轉及維護建築體。

作者願意分享他的具體案例和實踐經驗並提供了實用的建議和策略，並告訴我們BIM-REVIT在設計過程中的潛力和價值，實在難得。透過這樣的分享它也啟發我們如何應用有效工具來推動創新和永續設計。

面對未來挑戰，BIM 不只是3D建模 更是資料庫的累積與應用，未來的AI 世界更少不了由BIM 做為data 建立的基礎，所以若不會BIM 在AI的世界將無法進一步應用資訊來推進科技帶來的創新未來。

——— 九典聯合建築師事務所 建築師 張清華

對於建築的追求和熱愛驅使著我不斷尋求創新和突破，而這本《BIM-REVIT Design Guide 建築與室內設計應用指南》正可以輔助引領建築設計者探索新領域。

這本指南不僅提供了BIM和REVIT的技術知識，更重要的是，它展示了如何運用BIM思維和工具來實現創意設計的無限可能性。透過清晰的指導和深入的案例研究，我們可以學習如何建立詳細且精確的建築模型，從而實現對於管理及資訊掌控的關鍵。

這本指南強調了BIM在設計協作和可持續設計領域的重要性。透過BIM，我們可以與團隊成員實現無縫協作，共同創造出品質更優秀的建築作品。同時，BIM還能夠幫助我們在設計過程中有效考慮環境因素，實現建築的永續發展。

作為一位建築師，深知學習和掌握新技術的重要性。BIM正是我們不可或缺的工具之一，幫助我們在設計中實現更高的水平和創造力。這本指南將為您提供豐富的知識和實用的指導，引領您進入BIM的世界。鼓勵每位建築專業人士投入BIM的學習和應用。這是建築領域的未來趨勢，也是我們展示創意和實現卓越設計的關鍵。讓我們攜手前進，運用BIM的力量，共同創造出令人驚艷的建築之美！

——— 仲觀聯合建築師事務所 主持建築師 林洲民

我誠摯推薦這本書給所有建築從業人士。

通常我由三個向度來看一本書的價值以及是否值得推薦給朋友們，首先，是主題和內容：書籍的主題和內容是否具有意義和深度。好的書籍通常在看完後能夠引發我們思考、提供新的觀點或對重要問題進行探討。

這本《BIM-REVIT Design Guide 建築與室內設計應用指南》從基礎知識到深入應用，涵蓋從BIM的概念到REVIT的具體應用技巧。作者通過清晰的架構和深入的解釋，引導讀者深入了解BIM和REVIT的核心概念和工作流程。也探討了運用BIM技術數位設計和建造、虛擬現實、建築數據分析等新興技術的應用，深具閱讀價值。

其次，正向影響力：該書是否能對產業、學術或專業領域產生了影響。

本書除闡述了BIM在建築行業中的趨勢和未來發展，還以作者實踐經驗為基礎，結合了真實案例和成功故事，使讀者能夠深入了解BIM在實際項目中的應用和價值。這些寶貴的經驗教訓和洞察力，將能幫助讀者克服困難，提高設計效率和品質。

再者，作者及著作態度：吳建禾建築師是我所認識的青年建築師中，不斷學習和適應新技術的代表之一，作者在BIM-REVIT Design建築及室內領域有豐富的經驗和知識，以其開放的心胸，熱忱分享他所感受到BIM技術所帶來的好處。

——— 衛武資訊股份有限公司 李孟崇 總經理

猶記得數年前曾與建築圈的同好展開一場思辨，到底該不該學BIM？這個提問放到現在當然也都還有討論的空間，但我認為時空背景已經產生了很大的改變，現在更精準的問題或許是"學什麼BIM？"。首先我們彼此都同意BIM其實並非專指某個軟體，而是將資訊與空間相互整合的一個概念。然而數年前的當下正值BIM方興未艾之時，所以更多的討論是落在何種軟體是更貼近BIM的理念。如今來看，或許當時仍太執著於BIM是一種工具或是一種軟體的迷思。

甫拿到《BIM-REVIT Design Guide 建築與室內設計應用指南》這本書時，才發現這些迷思已然被破解。這本書跳脫了過去學工具、學軟體的角度，轉而從更高的層次看待BIM的影響力，以最為真實的例證告訴讀者：我就是這麼用BIM來工作！

是的，這本書告訴你BIM是改變設計思維的、BIM是提升工作效率的、BIM是合作共享的、BIM是資源整合的，更重要的是BIM是活的，BIM充滿了與時俱進的創新契機！或許當你讀完這本書時，將會為自己開展出一個嶄新的BIM維度。

——— 國立成功大學建築系 建築系副教授 沈揚庭

觀察並鑽研室內設計公司的經營管理已逾20年，2022年更以室內設計公司的經營管理為架構出版了《設計師到CEO經營必修8堂課》一書。對只說一口好設計，無法繪圖設計的室內設計專業媒體總編輯而言，會關注到BIM和REVIT，絕對也不止於其模型和可視化呈現，可以更好地傳達設計意圖，與客戶和團隊進行溝通和共享的功能，更多是BIM在經營管理上的運用。

從設計提案開始，延伸到服務及營運管理，BIM的應用遠比一般對其只是繪圖建模的功能理解還要強大。設計提案不過是其基礎的功能，透過BIM的可持續設計和協作領域的特性，可以解決在與業主溝通過程中，圖面無法及時全面更新所衍生的信任及錯誤施作危機，且若有專案設計師中途離開，服務仍可有效能的被延續。而其建築數據分析的功能，可串連建材及報價資料庫系統，更有助於公司營運的管控。

過去BIM多用於量體大的建築，較少使用於規模相對小的室內設計，得知吳建禾建築師一直以來鑽研於BIM和REVIT在建築及室內設計管理的應用，便積極邀請共同出版《BIM-REVIT Design Guide 建築與室內設計應用指南》。這本指南不只能夠幫助設計師掌握BIM應用的核心概念和最新趨勢，同時也與時俱進地提供經營管理的指導，相信必能提升產業的設計創新性和競爭力。

——— i 室設圈｜漂亮家居總編輯 張麗寶

身為一直追尋現代建築數位領域的教育與實踐能夠整合，同時期盼未來演算數位科技能夠協同設計的期盼者，我由衷推薦這本《BIM-REVIT Design Guide 建築與室內設計應用指南》給所有專業人士，以及對數位設計未來跟我依樣有期盼的各位，這本書為我們在建築領域中應用BIM和REVIT提供了一個全面且實用的指南。

設計資訊系統化是時代的趨勢也是不可忽視的趨勢，透過參數一體化設計的過程，能夠整合設計、工程、材料、估算、工程管理以及個案生命週期的完整對接，這本指南的內容豐富而系統化，從基礎知識到高級應用，從理論到實踐，無一不包括。它深入探討了BIM的概念、REVIT的功能和工作流程，並通過案例研究和實踐經驗提供了具體的應用技巧。這些寶貴的知識和工具將幫助我們在設計過程中提高效率、精確度和協作能力。

對於建築教育者來說，這本指南也是一個寶貴的教學資源。它提供了結構清晰且易於理解的教材，幫助我們向學生傳授BIM和REVIT的知識。從基礎的建模技巧到項目協作流程的複雜性，這本書都能夠引導學生逐步學習並應用這些工具。這將為他們在未來的職業生涯中打下堅實的基礎。

除了技術細節，這本指南還強調了BIM在建築行業中的趨勢和未來發展。它探討了數位設計和建造、虛擬現實、建築數據分析等新興技術的應用。作為建築師與建築教育者，我們需要與時俱進，瞭解這些趨勢並將其融入到我們的設計和教學中。讓我們一同致力於培養具有BIM應用能力的建築師，為建築行業的未來發展做出貢獻！在此衷心推薦本書。

——— 森曜建築師事務所 主持建築師 李彥頤

BIM到底是觀念、技術或者是流程，很多人都急著想得到一個答案。在BIM Handbook (second edition) 前言 ：「It is important to keep in mind that BIM is not just a technology change, but also a process change.」作者已經做了解答。

以我而言，2008年我在臺北市政府建築管理工程處擔任建築執照審查工作，開啟國內BIM的應用發展計畫，當時我是行政管理者的角色，我思考都市的基礎建設資訊應用(BIM+GIS)，建築資訊的蒐集是一大重點。因此，我希望能夠建立政府部門的自動化資訊交付的流程。2018年，我開業成為主持建築師色，我思考的是事務所建築設計品質提升與標準工作流程上建立，應用BIM新的技術，讓我可以應付這個新時代的資訊整合需求。

建禾兄的《BIM-REVIT Design Guide 建築與室內設計應用指南》大作，從BIM觀念、Revit軟體技術、資料庫與平台整合應用到建築與室內設計流程改變，很清楚地說明執行細節也無私的奉獻他個人實際成果案例。讓本書除了是基本的觀念闡述外，更具體的告訴您技術的應用以及流程的建立訣竅

本書同時提到AI的在建築設計領域的應用，建禾兄解答了很多人面對AI時代所產生的建築設計的恐懼。其實只要我們觀念、技術及流程改變，AI只是的一個輔助工具，它將可以使我們的建築設計做得更好。

本人非常樂意推薦這本書給各位營建產業及建築師事務所先進使用，無論您是初學者或是在BIM的領域已有豐富的實務經驗，這本書中都可以讓您再次找到驚喜的答案。希望您仔細的品嚐每一字、每一句以及作者無私的奉獻出每一張珍貴的圖面，從中您可以獲得對BIM在建築物生命周期的完整的應用觀念，建立屬於您自己的技術能力以及建築設計的作業流程。

——— 黃毓舜建築師事務所 主持建築師 黃毓舜

我很榮幸地向大家介紹一本極具啟發性的新書，《BIM-REVIT Design Guide 建築與室內設計應用指南》。這本寶典是學習 BIM 的最佳指南，專為那些渴望進入 BIM 世界的學習者編寫，不論你是室內外建築設計師，還是希望導入 BIM 的建築相關企業領導者，本書都將提供你解決各種挑戰並成功導入 BIM 的答案，為你或你的企業開啟新的成功之路。

本書以淺顯易懂的教學架構撰寫，讓讀者能夠迅速掌握學習方向。首先，它闡述了 BIM 的概念及趨勢，接著深入探討常見的痛點問題，並以基礎的繪圖設計流程作為起點，重新確立正確的學習路線。同時，它指導讀者如何運用系統化的流程與業主順暢溝通，並透過實際的軟體應用證明設計成果。這些內容由作者以邏輯清晰的思考為讀者設計的學習規劃，並在本書中完整呈現。

我是陳寶宏，擁有超過30年在3D繪圖領域的經驗。1998年，我創立了朕宏國際及映CG媒體，公司的目標是為設計工作者找到最佳解決方案，服務範圍包括從3D建模到建築外觀透視和動畫製作的渲染繪製，教授3D軟體，以及代理經銷多個國家的繪圖軟體品牌，如Autodesk、Adobe、Lumion、Maxon、Chaos V-Ray、Enscape、SimLab等。我認為，這本書是我進入業界32年來見過的最具邏輯性、包含完整解決方案的優秀著作。內容豐富，值得一讀。我強烈推薦所有希望導入BIM-REVIT、提升建築與室內設計效率，並奠定正確BIM基礎的設計師或企業主閱讀本書。

——— 朕宏國際實業有限公司 & 映CG媒體創辦人 陳寶宏

身為優美辦公家具公司的執行長，我衷心向大家推薦一本極其重要的指南書籍，《BIM-REVIT Design Guide 建築與室內設計應用指南》。這本書將為我們的行業注入新的活力，為你的設計帶來前所未有的創造力和效率。

這本指南書籍充滿了寶貴的資訊，涵蓋了資源整合應用、尤其是設計資訊的流通與串聯，以及產品與材料的實務應用等關鍵主題。這些主題不僅對於室內設計師們的專業發展至關重要，同時也對我們的產業發展具有深遠的影響。

書中的實用方法和技巧將助你更有效地運用BIM和Revit技術，提升設計效率，並將設計資訊融入設計過程中。這將帶來更快速、更精確的設計方案，並提高與客戶的溝通和合作水平。

書籍中特別強調了系統化架構管理模式和互動性引導式溝通設計發展的重要性，這些趨勢將提升你的設計流程效能，並加強與團隊和客戶之間的協作和溝通。同時，書中對於BIM與AI的結合也提供了前瞻性的展望，讓你瞭解未來的發展趨勢，並在設計中融入智慧化和自動化的架構。

作為辦公家具行業的領航者，我深知設計在創造舒適且高效的工作環境方面的重要性，這本書將為你提供寶貴的知識和靈感，幫助你在設計領域中保持競爭優勢，無論你是初出茅廬的新手還是經驗豐富的設計師，這本指南書籍都值得你的學習和投資。

——— 優美辦公家具公司 林偉修 執行長

《BIM-REVIT Design Guide 建築與室內設計應用指南》是一本對於建築相關行業具有重要價值的書籍。作為建築師公會理事長，我深切體認到BIM技術在當今智能化轉型中的關鍵地位。該書結合了BIM技術和設計思考，提供了實用的指導和創新的觀點。

書中強調了BIM在設計資訊流通和串聯方面的有效應用，將設計團隊的工作效率提升到了全新的層次。豐富的資源和多元外掛使得建築師可以在設計專案中輕鬆地導入和應用相關的設計工具和外掛，同時更加能夠加強我們建築師在主導統合的能力和地位，進一步豐富了設計的創造力和表現形式。

該書還討論了BIM永續經營以及平台化趨勢，強調了建立對應設計階段的模型和資料庫的重要性，以實現設計過程的優化管理，BIM的應用對於日後建築物的維護及管理具有相當大助益。同時，書中提出了自動化和人工智能時代的挑戰和機遇，引導建築師更加關注實務工作流程、資源應用的關鍵點，並掌握AI與BIM的交互輔助技術。

作為建築師公會理事長，我強烈推薦本書，這本書不僅對於初學者提供了實用的指南，也為有經驗的專業人士提供了創新的思維和解決方案。它將成為建築師們在BIM應用領域中的重要參考資料，引領行業的發展和進步，透過學習該書，建築師們將能夠更容易理解和應用BIM技術，為我們的設計工作帶來更大的成就和影響力，也能為建築行業的未來開拓更寬廣的道路。

——— **高雄市建築師公會理事長** 陳奎宏 **理事長**

我非常榮幸向大家推薦這本引領未來趨勢的指南書籍《BIM-REVIT Design Guide 建築與室內設計應用指南》。我所認識的建禾是一個熱情同時也不藏私的專業設計工作者既是建築師也是室內設計師並且帶領著我們面向未來的工作方式，因此這是一本以創新科技為基礎的指南，將引領我們進入室內設計的全新境界。

這本指南深入探討了許多關鍵主題，包括資源整合應用、設計資訊的流通與串聯，以及產品與材料的實務應用。通過學習這些先進的方法和技巧，我們將能夠更加有效地運用各種資源和外掛，提升設計效率並突破創意的界限。同時，我們將學會如何精確地管理設計資訊，將產品和材料資訊融入設計過程中，為客戶打造獨一無二的空間體驗。

這本指南還關注了系統化架構管理模式和互動性引導式溝通設計發展的趨勢。這些趨勢將協助我們建立更高效的設計流程，提升團隊協作和溝通的能力。同時，書中探討了BIM與AI的結合，揭示了智慧化和自動化在室內設計領域的潛力和影響。這是我們未來必須跟上的趨勢，也是我們在設計領域中保持競爭力的關鍵。

我們必須勇於擁抱變化，不斷學習和成長。這本書將成為你在這個不斷變革的行業中的指南明燈。無論你是年輕的設計師還是資深的專業人士，這本書都將為你提供無價的知識和靈感。

——— **台灣室內設計專技協會理事長** 袁世賢

自序

這本書獻給每個建設相關領域的參與者（從營造，建築，室內裝修，材料與設備廠商，設計相關科系的學生，甚至屋主）不論是否已經擁有相當豐碩技術的操作者，或是對BIM充滿疑問與擔憂的入門者，都值得瞭解怎麼透過學術與實務觀念併行引導的方式，進入到BIM應用的核心發展，為能幫助大家化繁為簡的瞭解，本書特別準備了122張精心製作的圖說，以更加有效率的閱讀方式讓讀者以圖代文的方式進行閱讀；過往BIM總是被誤認為建模軟體或是一門複雜的技術應用，殊不知其實BIM就是設計流程的對應，它可謂為一種流暢的活動，更可以有效率的優化建築與室內設計的相關發展。

在歷經近20年的BIM-REVIT學術與應用的薰陶之下，深知從入門到實務應用每個人所在意的"核心問題"（例如怎麼建模，畢竟每個使用者都有剛開始的那一步，有句〔選擇比努力重要〕，如果用對了方法學習與應用，肯定會比不知所以然的直接操作來得有效率的多（知道目標並努力前進，比不知道目標漫無目前進來得有意義），這本書集結了自己從2005年開始接觸BIM-REVIT起學術與實務應用的各種細節，在經過多次反覆的內化與轉換後，以更加能帶領大家有明確步驟應用的方式進行撰寫。

本書以6個大章23小節，分別引導整合說明：從"定義問題"開始，說明怎麼"定義流程"並且瞭解如何"順暢溝通"，再到應用觀念與瞭解BIM-REVIT如何以真正整合思考的方式進行，觀念導入後，以實際案例點出軟體操作的重點，從模型建置到估價應用與圖面管理都清楚的以實際案例說明；爾後再以資源整合外掛及產品材料導入方式等內容進行架構式說明，最後提及怎麼將作品優化為媒體推廣圖面或是作品集歸納，強化各個學習面向；其中"成果導航"一章更是本書的主要架構與靈魂，從架構管理／互動引導／資訊庫／施工圖／估價清單／資源庫再利用等各個面向直接將BIM-REVIT如何有效帶動公司營運與發展的核心觀念一次講清楚！最後一章再透過願景的提問，讓BIM與AI應用的當前可能性進行探討與測試，提供更加多元的思考與探索空間。

感謝我的父親與母親將我帶到這個世界，雖然您們都已經與世長辭，但您們的溫暖能量將一直在我心中長存；感謝我的老師鄭泰昇教授的鼓勵與支持，沒有您那校園中11年來的引導，以及畢業後持續的提拔，這本書將沒有機會問世；感謝袁世賢理事長與張麗寶總編，因為有您們的相互介紹及引導，以及後續主編許嘉芬超級用心的編排，這本書才得以真正出版；感謝每位願意為這本書寫序的推薦專家，鄭泰昇教授、謝尚賢主任、張國章建築師、張清華建築師、林洲民建築師、沈揚庭副教授、李彥頤建築師、黃毓舜建築師、李孟崇總經理、林偉修執行長、陳寶宏創辦人、陳奎宏理事長、袁世賢理事長、張麗寶總編輯，感謝您們一路上的指導與鼓勵，〔記得當時將初稿給專家看時，其中一位撰寫推薦序的建築師跟我回饋，哪有人像你這樣都完全不藏私分享的，這樣划算嗎？〕，當時我這樣回答著：〔看到國際間已經如火如荼的發展，在疫情影響後，更有感於營建與室裝業經營的不易，在自己還能夠對社會有回饋能力時，能夠分享真是我的榮幸〕；特別特別感謝我的太太，在工作與教學與寫書三方燃燒的狀態下，將三個小小孩陪伴的無微不至，不但能擁有聰穎的思考，還能有善良與明辨是非的內心。

感謝每位翻開這本《BIM-REVIT Design Guide 建築與室內設計應用指南》的讀者們，願這本書能陪伴您們站在知識與實務經驗的肩膀上，以化繁為簡的方式有效應用BIM，並且將應用成功且空出的時間用在更多自己喜愛的人事物上，人生，就是來好好體驗各種快樂與值得努力的事物的，不是嗎？同時，別忘了購書者可以加入社群並免費下載教學樣版檔跟元件，我們會在Youtube-TYarchistudioBIM不定期更新，歡迎來一起聊聊。

—— 吳建禾

BIM與設計整合業相關經歷：

2023

· BIM interior design awards 評審及主辦單位
· BIM+Award 初選與決選評審委員
· 建築園冶獎評審委員
· 全國建築師公會資訊委員
· Autodesk（歐特克）智通時代-BIM應用於建築與室內設計
· 室內設計師節－室在幸福美力不息演講－BIM-REVIT應用在估價與提案的優勢
· 成大建築系- BIM應用實績分享
· 高雄市建築師公會- BIM應用與法規及估價應用
· IDAA-BIM應用室內設計演講
· 台中市建築品管協會: BIM專題應用建設與營造講座
· 台灣建築學會+成大建築+台大土木合辦: AI+BIM 建築師專題分享
· 映CG- Ai應用與工程估價演講
· 中國科大-BIM應用建築與室內設計演講

2022

· Autodesk（歐特克）智通時代空中講-BIM應用於室內設計
· 全國建築師公會資訊委員
· 逢甲大學建築系-BIM應用於建築與室內設計分享
· 高雄大學建築系-BIM應用於建築與室內設計分享
· 台南應用科技大學-BIM應用於METAverse分享
· 正修科技大學- BIM在建築與室內設計的整合應用
· 台中市建築師公會－Revit應用建築及室內設計的估價算量測試

2021

· Autodesk（歐特克）智通時代空中講堂
· 高雄市建築師公會-BIM應用於建築與室內設計分享
· 正修科技大學-自然律動的設計思考應用於BIM

2020

· 高雄市大東藝術圖書館-大東講堂受邀講者
· Autodesk（歐特克）2020工程建設趨勢論壇
· 無醛屋十周年-年度感恩盛會-受邀主講者之一

2019

· Autodesk（歐特克）應用案例台北分享會
· Autodesk（歐特克）應用案例台中分享會
· 台灣空間美學創作交流協會IDAA -BIM應用於室內設計實務分享
· 雲林縣建築師公會-BIM實案分享
· 新北市建築師公會-BIM實案分享
· 成功大學建築所-BIM應用於建築與室內設計分享

2018

· 台南科技大學-BIM應用於室內設計分享
· 正修科技大學-效率化的競圖-BIM輔助應用
· 成功大學建築所-BIM應用於建築與室內設計分享
· Symposium of Taiwan BIM Future

2017

· 台灣BIM 未來研討會
· 台灣設計．BIM旗艦講座-全國巡迴論壇
· 台南市建築師公會BIM實案分享
· 成功大學建築所-BIMarchitects

2016

· 歐特克（Autodesk）應用案例分享會
· 台中市建築師公會實案分享
· 成功大學建築系BIM課程教學
· 聯合大學建築系-藉由實務思維的設計學習邁向BIM content

翻轉設計的BIM發展趨勢
論壇記錄 20230617

目錄
CONTENT

1 Introduction

壹　前言

BIM 是什麼？為什麼要用它？

BIM 是什麼？

建築資訊塑模（building information modeling）可將建築／資訊／塑模分開來看（**詳圖01**）說明如下：

（一）建築 Building：建設-建築領域

舉凡建設相關的領域都可以囊括在內，並且可概分為兩個層次，分別為空間層級與專業領域層級，透過不同的層次可有效說明其範圍。

1.空間層級

與建築的建設相關內容都可以被包含在其中，大至都市環境尺度，小至室內空間尺度都會有相關聯。

2.專業領域

包含建築機電結構以及家具軟裝等相關材料廠商都會有關聯。

（二）資訊 Information：資料與訊息參數

任何可以在模型中被儲存的資訊都可以被歸類在這一個區域，可概分為兩大類型，分別為幾何資訊及（物件）非幾何資訊。

1.幾何資訊

舉凡模型中的尺寸/面積/體積等。

2.（物件）非幾何資訊

如專案中的分類/類型/參數/價格/材料細節/廠商資訊以及任何需要夾帶在專案或模型中的資訊等。

（三）塑模 Modeling：塑造模擬建設進行式

透過模型的模擬與實況進行往覆討論，在各個階段透過軟體與模型進行回饋，基本上可概分為建置模型與模擬實況

1.建置模型

4D模型/圖說整合/資訊管理等。

2.模擬實況

設計修正與回饋/材料對照/實況對應/成本控管等

BIM也是將建築物在其全生命週期的各類資訊匯流至可視覺與參數化的三維模型的技術，運用其模型整合工程專案資訊，並藉以提高設計、營造、營運管理的效率，BIM在當代經常被統稱為軟體的新革命，但**其所代表的是一項新的建築設計與施工的應用方式與流程，並且在其中導入全方位的創新與加值服務。**

BIM的創始者Charles (Chuck) Eastman早在1975年的AIA joural便提出Building Description System（BDS）的觀念，並從Element description進行探討，將參數的概念導入幾何模型，並且定義各個元素的涵構與資訊，爾後再於1999年提出Building Product Models（BPM），內容提及參數化中央模型與建築物生命週期的涵構，從此處可以得知BIM的原型概念，並且瞭解參數化與建築描述（定義）系統在其中的核心重要性。2008年，由Charles (Chuck) Eastman所主編的BIM handbook一書，前言中便提出〔BIM屬於一種活動（Building information modeling），而非一個物件（Building information model），同時指出BIM不是一個物件或是一種軟體，而是一個最終將改變建築流程的發展過程〕。

建築設計與營建設計使用 BIM 的趨勢與效果

BIM目前已經成為建築與室內設計的關注的議題，特別是從客戶端開始感受到的明顯成效，若是可以從設計端就開始使用BIM運行建築物的整合思考，所獲得的持續性資訊與幾合模型的連續發展將可以帶來更豐富的組織成果，從下圖可以看見從**繪圖轉變到資源管理與統籌**的重要推進，**CAD（Computer aided design）**輔助設計者從手繪轉入電腦輔助繪圖產生後，**3D(three dimensional) 三維幾合模型**的建置與發展就緊隨在後，然而，**資訊的整合與快速歸納的自動化發展**更是這個時代的基礎，以往需要人工進行的相關資訊匯整工作，現在都已經可以透過BIM自動化的快速匯整並以條列式的方式輸出"可編輯"的文字檔案！此外，AI的到來，這一切自動化的發展將只會更加快速與聰明的變革。

1 前言

2 應用觀念

3 軟體操作重點

4 資源整合應用

5 成果導航

6 願景

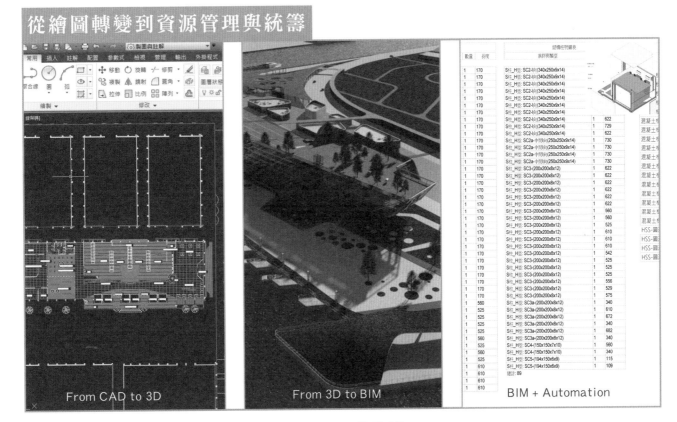

圖01：從繪圖轉變到資源管理與統籌

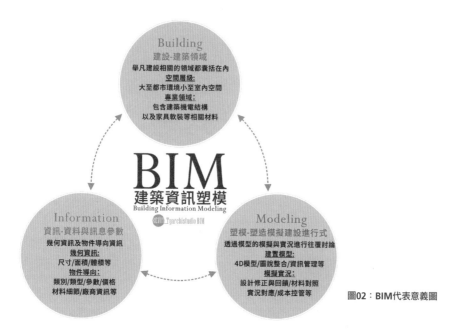

圖02：BIM代表意義圖

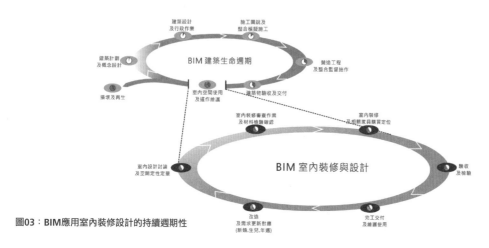

圖03：BIM應用室內裝修設計的持續週期性

除了建築設計外，室內設計為什麼要用 BIM ？

BIM在完成建築設計與營造後，就會交付給使用進行室內空間的加工處理，在圖01可以看得到從建築完成後，交付到室內設計階段的運作流程（本圖是以住宅的室內空間為流程範例），在室內空間的使用將會有不同階段與不同的使用者進行變動。

由於室內設計長期面臨的**挑戰是缺乏設計生產流程的整合管控以及缺乏設計與施工生產履歷的記錄**，許多設計者與客戶多數倚賴手繪或電腦繪製的3D模擬圖來進行溝通與確認，相對**於傳統上在設計端的每一筆一畫皆是由設計師所繪製**，圖說的資訊與材料等也都是透過經驗累積而輸入的內容的繁複與重工狀態，**現在透過BIM所能提供的豐富資訊傳遞及管理邏輯以及模型及圖說的同步產出正可以有效改革過往室內設計繪圖的重工困境**，同時也為屋主提供一個更加便利與專業的方式，將圖說以更有效率及邏輯的方式產出，提供更豐富的時間進行設計深化及材料管理，並且在繪製圖說與模型管理上充分進行營運管理的優勢。

重覆的繪圖與改圖的窘迫？

不間斷的繪圖流程？

　　傳統的設計繪圖著重在**圖的完成**或是**模型的表現法**，在這些看起來相當基本的工作內容中，有著相當多步驟需要仔細推敲，在傳統上的設計訓練是可以透過草圖與草模進行模擬與推敲的，但是如果設計邊做邊改，再搭配目前多數設計公司都會運用的CAD／SketchUp／Vray／Render／CAD的流程下，就會顯得相當不簡單，**動一髮而牽全身**；而在設計時間普遍不夠充裕的業界現況下，更多設計者會傾向以模型建模做為主要的設計發想，但也同時會**造成圖與模型經常對不起來的狀況**，進而造成每改一個小區域就必須要不斷的對照與改圖的窘境。

CAD　　　　　Sketchup　　　Vray? 各種貼圖跟打光　　　RENDER　　　　CAD

圖04：室內裝修設計的傳統週期性迴圈

1 前言

2 應用觀念

3 軟體操作重點

4 資源整合應用

5 成果導航

6 願景

每當改圖所要造成的窘迫發展？

承上，由於圖說是建立在平面圖或是3D幾何模型的基礎上，所以改圖就會需要進行至少兩到三種軟體的檔案修改，但是在施工前的設計階段尚需有基本設計與細部設計及施工圖實務設計等步驟，**修改設計其實是必經的歷程**。

這邊先與大家介紹眾多設計者在設計發展中所需顧及的3個主要因素：

（1）時間：

與業主的討論前置準備時間，眾多專案的出圖安排時間，設計進行及專案的發想時間以及設計繪圖的時間等。

（2）模擬圖：

提供設計師進行設計發想與對照的模擬討論圖，與業主進行設計確認的模擬表現對照圖及與基地原況及設計發想後的對比合成圖等。

（3）圖說準確度：

圖與空間尺寸的對照準確度，實務應用的真實對應，模型及呈現的圖說是否有尺寸可查詢或是說明及圖檔是否方便準確的繼續編輯。

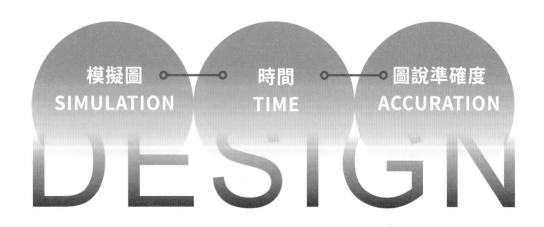

圖05：設計發展中所需顧及的3個主要因素

綜觀上述的幾個重要因素，設計者若是需要改圖，就必須要不斷的考量至少上述三個大主軸，更別提及有相當多設計公司還有自己的工作準則及風格考量等，也因此"改圖"就必然會造成相當大的影響，但其實最不可控制的就是這個因素，因為過往設計者在與屋主溝通時，多數都是提供多種方案讓屋主選擇，再由方案中進行修正，以期達到後期的共識，但也因為是這樣的發展路徑，就相當容易會發生改圖的必然性，而造成不斷的循環及困擾。

重新定義繪圖設計流程

傳統室內設計的運作流程

目前室內設計的流程相當多元，這會取決於設計公司的客群與服務的空間類型，但不論哪一種客群或是空間，在進行規劃設計的首要步驟都**必然會是建置基礎空間圖說或是模型**，而且多數以現場實際測量並自行建置為主，因為原建築物的竣工圖說往往都與現況不符，因此設計者就必然需要再重新對於空間的實際尺寸耗費長時間的現場測量與比對，或者，透過點雲的現場掃瞄進行基礎模型建置，不過此舉耗資費用龐大，並非能夠順暢執行；不但如此，傳統空間設計的過程中，設計與施工圖說的資訊皆必須由設計者一一輸入，並**透過逐筆繪製的方式將每一張圖說完成，耗費相當龐大的工作時間以及反覆核對檢查的勞力**，爾後，在進行施工中若有未測量或未預測到的事物，**圖說更改就變成是一個相當困難的工作項目**，但是目前亞洲，包括中國大陸，台灣，泰國等的室內設計流程還有將近85%皆是如此進行。

BIM 應用室內設計在流程上改革的起源？

BIM運用於室內設計的流程可以追溯到建築設計的基本架構，2007年，SOM建築師事務所提出**BIM運作流程圖，將流程分為三大區塊，從概念設計、細部設計到施工圖說**，說明在不同階段所運用到的軟體與參數工具，並透過不同的圖層與轉檔進行圖說的交互使用，可謂為建築設計應用BIM的源頭；從室內設計的角度來看，BIM使用者在室內空間的繪圖與建模必須要將建築主要構造體與相鄰空間先行完成，同時考慮在室內空間的微氣候等環境控制因素，才能真正開始進行室內設計，因此整體流程與操作軟體與建築設計有許多相似處。

由於室內設計在狹義範圍來看，是屬於不影響原建築物結構安全與構造變更的附加式創造，也更加著重於生活品味與機能的塑造等內容，因此其發展階段中討論的往返次數與細節的注重將會比建築設計來得繁複許多，除了空間動線與生活機能及材料運用等基本需求，舉凡地板觸感，窗簾質感，家具特色，桌巾色彩等與業主的私人特性密切連接的細節，都必須進行深度討論與溝通。也因此，BIM應用於室內設計中的流程與節點就會需要將討論及資訊的整合列為重要的步驟之一，特別也需要建立在對設計相關資訊管理與串聯應用上，**讓BIM除了在模型建置快速及圖說自動產出的功能之外，還能將設計者的設計理念與屋主的需求共同推進，產出一系列專屬的流程演化。**

BIM 應用室內設計所重新接應的流程

根據作者本身在設計公司的室內設計專案實務經驗，並實際採訪台灣業界的現況，進而比較臺灣設計公司的傳統工作流程，如下頁圖06所示，在設計階段可分為**6大階段，從概念／分析／設計／施工圖／施工裝修／維護與運作等階段進行不同階段的工作內容**，但這個流程會隨著設計公司的規模，客戶群，工作方式有所變動，例如有相當多設計公司會將概念階段到設計階段在提案期就一次先完成，以期能獲得客戶的青睞，也有少數設計公司在概念階段就與客戶一同討論，進行漸進式設計成果，每個公司都有自己的運作模式，但在此我們主要討論BIM導入設計流程的影響與推進的內容；

在**圖06**可以看出，傳統的設計公司需要更多的時間與人力成本完成不同階段的工作，並且容易被更複雜且多元的不確定因素而影響，例如每個空間的測量都必須在每個新修繕工程的**初期都仰賴設計者的謹慎與細心測量**，才可能避免日後的設計錯誤與施工意外的產生。

BIM如何置入設計流程中的步驟就相當重要，在雲端的網路時代，軟體已經不單純是單機操作，**跨主機的雲端整合也已經是進行中的運作模式**，因此**透過平台及雲端整合的多元軟體操作是一個重要的主軸**，我們可以看到圖**06**的BIM-advanced步驟中已經加入了相當多實用的軟體，每個軟體都能有效協助各階段的重要工作，同時也能因應軟體平台的組織，**讓工作的流暢度大幅提升，增加效率**，完整解決設計工作的重工性問題。

階段	概念	分析	設計	施工圖	施工裝修	維護與運作
步驟	溝通與討論	環控分析	討論與設計確認	圖說繪製與模擬修正	品質管制與監造	驗收檢查並交付使用者
TRADITIONAL	現場測量 紙本工作	傳統經驗分析 依據客戶需求	單一圖說討論 3D模型不含資訊 紙本溝通	單一式圖面繪製 說明資訊自行輸入 施工圖單一圖面	圖說現場溝通 重複修正圖說 傳統電話管理	驗收後不易提醒與建議 下次改造需重新製圖 建材與設備資訊存於紙本
SOFTWARE			Ps			
BIM-advanced	模型整合 雲端工作	精確環控資訊 客戶經驗強化	整合圖說討論 3D模型包括資訊 雲端輔助溝通	整合式圖面繪製 說明資訊整體修訂 施工圖整批連動	圖說模擬溝通 預先批算式修正 雲端監控管理	驗收後可透過雲端提醒 下次改造可延用模型 建材與設備資訊存於模型
SOFTWARE CLOUD PLATFORM			Ps	Dropbox Google Drive		Dropbox Google Drive

圖06：傳統設計流程與BIM整合設計的對照

傳統建築設計的運作流程

建築設計的重要流程必須要先從建築類型談起，不同的建築類型如住宅／辦公室／學校／醫院等都會有不同的業主與需求，還需要考量基地位置（例如平地／山坡地）等差異，也因此所需面對的法規與設計流程都會有不同；但不論哪一種類型都必須要先從"洽談"端講起，也就是"提案"的初始階段，在建築設計端可以先概分為3大階段與9個步驟：

1 基本設計

01. 洽談與提案階段
02. 設計討論與法規檢核階段
03. 整合基本設計提案與定案

2 細部設計

01. 細部設計發展與整合
02. 法規檢討與綠建築檢核
03. 細部設計定案與請照準備

3 請照及設計說明階段

01. 請照法規檢討與請照圖製作
02. 請照相關面積計算與排版整理
03. 施工重點設計說明圖繪製

透過以上的傳統設計步驟，將可以持續性的讓建築設計者為屋主進行各階段需要的設計服務，不過各位讀者可以先注意到其中一個核心問題，就是提案階段並沒有列出與客戶簽約的時間，也沒有尋得定案後的各種細節發展，在傳統的設計步驟更像是一個專業經驗的時間累積成果，若是過程中有變更設計的事續將會帶動著建築設計者從頭到尾的延伸工作，所以當法規已經檢討完成，屋主臨時改變窗戶型式或是調整隔間等內容，每一張要重新修改的圖就變成是一疊沉重的負擔。

建築設計重新思考的組織運作流程

在建築設計串接BIM之前，雲端的組織架構是必須置入的前提架構重點，透過自動同步與雲端資源的快速整合，BIM的效能才有機會獲得最基礎的發揮，相較於傳統工作流程是以單一事件進行推演的狀態，雲端組織運作流程會更著重於參數化與自動化的交互應用；如圖（**從基本設計／細部設計／施工發包圖階段／監造階段／驗收階段**）各自分別將建築設計的角色與工作內容進行分類，然而，建築設計往往是做到細部設計完成後，就會進行請照圖說的相關工作，爾後就會交由營造廠承接，並且由營造廠進行施工圖說的工作（理想狀態），建築師再繼續於監造階段進行協助。

有著BIM與雲端工作流程的組合，建築設計在傳統上的工作事件將可以透過BIM的整合平台進行跨事件的跳躍式成長，也能夠運用雲端串聯的自動化將資訊與物件進行快速的移轉，幫助建築設計單位與營建單位共同合作，創建出更加順暢與美好的建設品質。

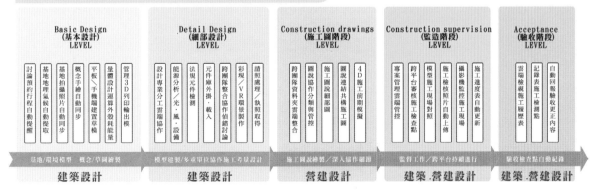

圖07： 建築設計重新思考的組織運作流程

1 前言
2 應用觀念
3 軟體操作重點
4 資源整合應用
5 成果導航
6 願景

運用系統化流程順暢溝通

BIM 室內設計運作流程？

BIM室內設計運作流程可分為四大階段

1.概念及草圖繪製/溝通期

2.設計／模型建製／施工考量期

3.階段性展示期

4.施工圖説製作期

如圖**08**所示，本參考步驟將運作流程中可能使用到的軟體及平台列出，並將重點操作步驟詳列於內，以箭頭説明流程中可能遇到的溝通迴圈及討論往復等相關可能性，由於設計專案屬於勞務工作，非為工程建設工作，因此當設計者付出勞務成本後，與業主的共識及成本回收可視為檢核指標；特別是其中所設定出的數個**檢核點check point（請款點）**，雖然會根據不同的契約與工程規模的實際情況而有所不同，但流程中所提出的設計運作內容都是相當重要的步驟。

其中特別説明設計相關部份如何被**BIM所輔助**，然而，在室內設計的客戶溝通與修改往返次數，往往會因為許多非關設計的因素而變動，如習俗、風水、生活習慣等未知因素，因此這個參考步驟將往覆的可能路徑（灰線）整合於流程中，透過設計者在當下經常使用的雲端平台（如LINE，Google行事曆等）**詳細記錄設計與溝通過程，將可有效提高整體工作效率並凝聚業主端與設計端的共識**，一起將設計的空間完整推進。

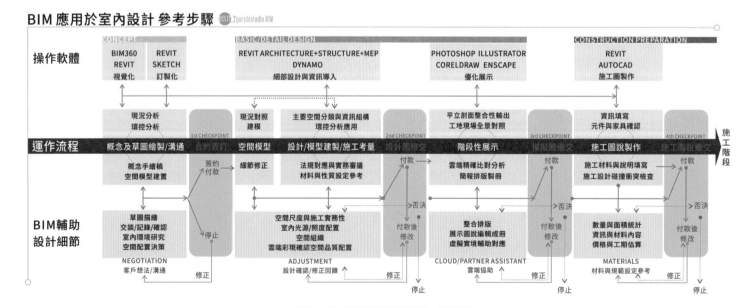

圖08：BIM 應用於建築與室內設計 參考步驟

擁有設計履歷成果的軟體應用

完整記錄設計重要歷程並與設計發展連動

將BIM 導入到室內設計前，有幾個重要觀念必須釐清：**BIM 是一個透過資訊整合設計流程的模型進程**，並不單純是一個建模工具，資訊的流通過程中，**軟體與資訊的整合是BIM 重要的核心觀念**，雖然目前已經有建設相關業者（土木營造建築等）逐漸將BIM 導入室內設計，**但多數還是僅將它作為建模工具（僅運用其圖說同步的基本功能）**，卻忽略了其蘊含豐富資訊的核心意義，除此之外，在室內設計的部份鮮少真正將設計管理流程融入在過程中，也幾乎沒有特別優化空間材料的履歷記錄等重要內容，導致雖然使用BIM，但依然會發生施工現場與圖說不符，或是材料有誤的不良結果。

傳統的設計記錄會依據圖說與現場手繪或是對話記錄，也會更加依賴人員的配置或是流程的簽署等進行確認，在這邊我們舉個很簡單的例子，（大家都應該有到百貨公司的廁所看到牆上掛著一個清潔確認單，廁所有點不太乾淨，但是單上的打掃人員都確實有簽名，而管理人員也有簽名！），也就是說其實傳統的流程雖然肯定有記錄的作用，但是實際上是否有被完成，非常需要看操作者的習慣與邏輯，而且無法被有效記錄並呈現。

由於變更設計與相關細節在REVIT上會越來越方便與迅速，也因此具備一個有詳細設計流程的記錄就相當重要，**在設計過程中，BIM-REVIT 的整合運用必須要先將不同的階段設定好，才能夠在每個階段都有其重要的發展記錄。**

即使科技成為助力，屋主對於室內設計的主要需求仍不離兩項主軸，分別是：**設計者的空間精神與解決問題的能力，以及設計團隊在發包施工過程裡的管理效率與能力。**設計與施工管理端的確實鍊接，正是設計者運用BIM 效益的主要優點，讓雙方在設計發展前期就能一同創造雙贏共好的成果。

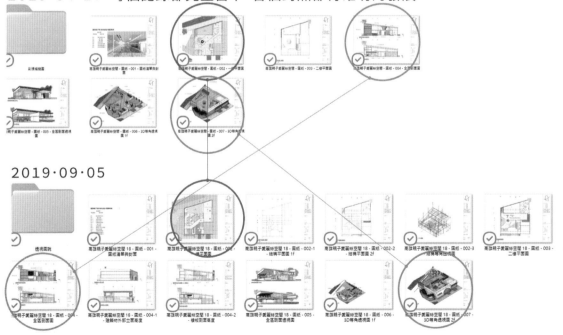

2019·04·17 每個記錄都完整留下，各個對照都有確切的發展

2019·09·05

圖09：設計履歷的完整記錄與對照

2 Concept

貳 應用觀念

CH 2 應用觀念

軟體與實務應用的雲端連動性

BIM 的相關軟體有哪些？

BIM目前的軟體有相當多種，至少有10種軟體可以選擇，其中較多人使用的有以下3種，分別為Autodesk Revit／ArchiCAD／Microstation，然而，**軟體公司的背景資源越大，則形成平台的成效也會越有影響力**，以Autodesk為例，有Autodesk BIM360（雲端串聯）及Naviswork（工程模擬）以及Autodesk Civil3D（土木）等不同面向的軟體，可以形成一個完整的體系，也可以讓建設相關的工作都被整體規劃並將資訊有效傳遞到各個環節之中。

與實務應用的雲端連動性？

目前雲端串聯已經與我們的生活習習相關，將資料上傳到雲端儲存，隨時可下載使用的生活軟體已經與我們生活緊密相連，例如大家常用的Apple icloud，Google drive，以及Dropbox等雲端軟體，但設計的雲端串聯其實除了儲存檔案之外，還有哪些是值得我們瞭解的內容？從設計工作會連動的內容來看，共可概分為三個類別：

（1）圖説與模型

（2）決策與對談記錄

（3）履歷與事件提醒

透過雲端平台共同傳輸資料與對談記錄，包括各種決策與提醒，都已經是日常生活的一部份，例如許多人會透過LINE通訊軟體進行討論與溝通，並且將

圖10：BIM雲端平台繪圖即時通訊討論

資料儲存及分享，決策相關內容等；除此之外，設計相關工作的整合還可以透過Microsoft Onenote與BIM360進行資料整理及模型圖説的歸納與傳輸，又或者可以透過Microsoft Power BI進行雲端討論最佳化流程的工作模式，幫助團隊進行整合；當然更少不了雲端可以提供**的共同儲存位置功能，自動同步不同區域的電腦進行協作等相關工作**，完美將區域的限制打破，提升團隊效率。

圖11：BIM應用設計的雲端資料自動同步範例

1 前言

2 應用觀念

3 軟體操作重點

4 資源整合應用

5 成果導航

6 願景

BIM for REVIT

Autodesk REVIT ？

從建築到室內設計都會有機會運用到BIM-REVIT，但是不同的使用目標與預計達到的成果都會有所差異，以下我們就從建築設計／營建管理／室內設計分別來引述：

建築設計運用 REVIT 常見使用動機四種：

建築執照圖、都審都更報告書、服務建議書與工程發包圖等重要內容

營建管理最常見的使用動機有以下幾種：

成本、時程與工進、品質管理、損耗控管與估價預算等重要內容

不同的需求會帶來不同的操作內容，然而，通常在學習BIM前都會被廣大的行銷與實績帶動風

向為：**"建出詳細又可以檢驗"**的細緻模型，以及**"提早進行碰撞檢查以節省預算"**的流程

這邊要先跟大家提出一個重要的觀念與邏輯，〔在不同的使用環節，**BIM-REVIT模型能夠發揮的效果是有所不同的**〕

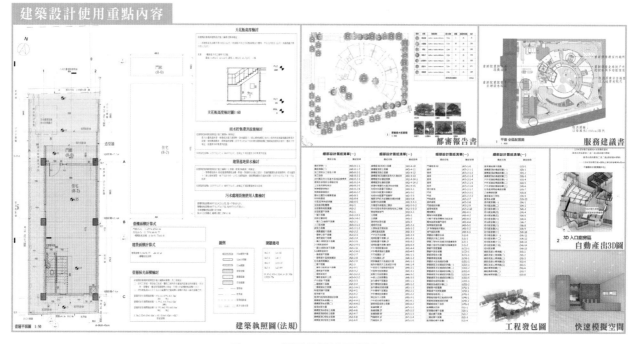

圖12：Revit進行建築設計使用重點內容

舉例來說：

〔建築師在設計建築物時，若是以法規建照圖為主，實際使用材料（磁磚的廠牌與型號）就顯得不那麼重要，但法規面積與自動化跟進的圖說更新卻超有幫助，檢視設計同時，平面立面剖面與3D圖說就都一併完成！〕

再舉另一個建設公司的案例來說：〔建築師畫完的圖很難在早期就考慮到建築施工的重要細節，例如"管道間"常常會在初期被遺漏，另外土地成本與相關營運成本更會是決定建設公司是否能永續發展的核心要素之一，因此若能在初期就有共同檢討的模型與圖說，將能更快速的達到滿足當地開發的需求平衡點〕

1 前言

2 應用觀念

3 軟體操作重點

4 資源整合應用

5 成果導航

6 願景

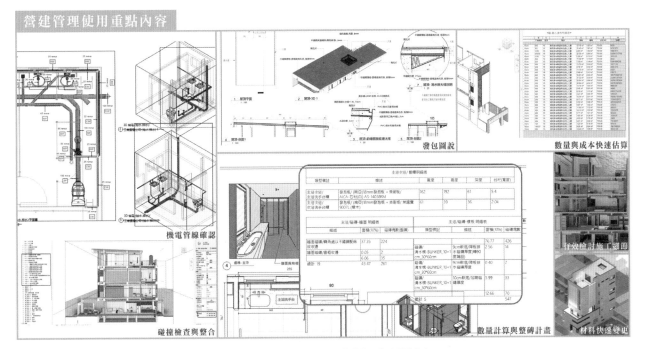

圖13：Revit進行營建管理使用重點內容

室內設計運用 REVIT 的使用動機有以下幾種：

從建築轉接到室內設計的延續，將空間圖說進行有效的整合，一次將平立剖面到位之外，透過材料庫與資訊庫進行有效的設計連動發展及工程管理。

其中一個特別重要的圖說主要目標之一即

是**透過設計與施工圖説與施工團隊人員進行説明與備註**，並進行階段性的組織與分配，透過REVIT的運作邏輯可以有效的將設計模型中需要注意與需要提前材料整合說明的部份進行繪製，透過REVIT可以一次性將平面立面剖面等圖說內容完成的特性，讓工作在不需來回修改與對照的狀態下完成。

實務的真正整合思考？

由於室內設計是需要與實務整合進行的，也因此實際要配置的內容就相對重要，**例如燈具的亮度，色溫，數量，擺設位置等都是會影響到空間給業主帶來的成效，而REVIT的特性正好可以將資訊統籌提供，進行數量計算與實務應用的關係。**

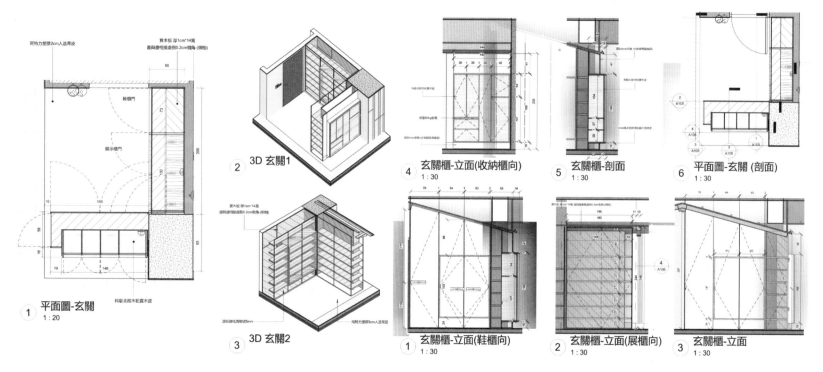

圖14：Revit進行室內設計的快速連動繪圖説明

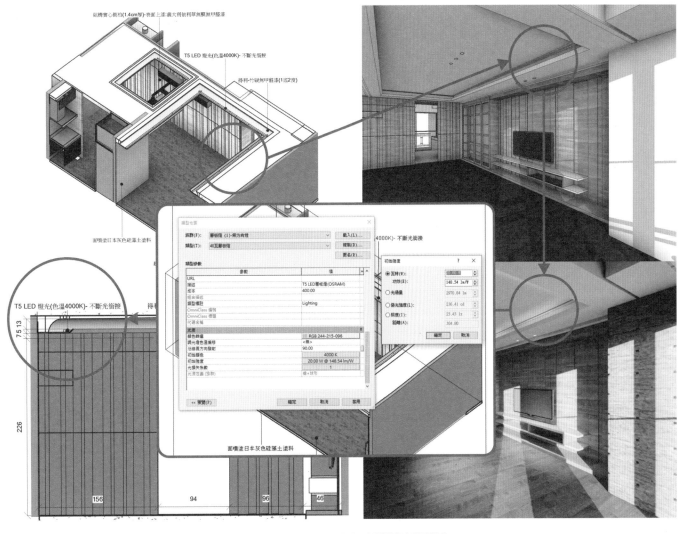

圖15：Revit進行室內設計的擬真繪圖説明

1 前言

2 應用觀念

3 軟體操作重點

4 資源整合應用

5 成果導航

6 願景

如何從 CAD+SketchUP 有效且快速的應用到 REVIT？

　　務必瞭解專案及目標導向整合的重要觀念！也因此在繪製設計圖時與實務串聯並有目標的將設計圖完美施工是第一要務，透過BIM在設計圖與施工圖的連通性，將可讓變更設計或是施工對應的連動成為最大優勢之一，再加入資料庫系統化管理的優勢，有效運用資料庫自動化產出材料說明與相關估價等後續資訊，以解決三個一直以來設計者面對的問題：

01.設計改圖無止盡的迴圈

02.邁進高效率系統化及擁有專屬資料庫

03.設計施工圖重工及估價反覆無常

下圖是針對最重要的管理邏輯來探討如何從CAD+SketchUP有效且快速的應用到REVIT。

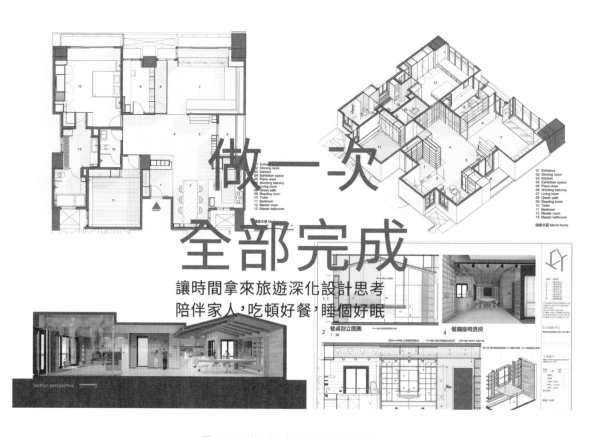

圖16：BIM應用室內裝修設計的系統化流程

Step01.重新擬定系統化流程

　　以成案結果為導向的專案工作流程,不論什麼背景,建設的重點就是將實體完成並讓它順利運行,進行到 **BIM的應用中會有相當多人會將模型視為最終目標,但真正瞭解的實務應用者都會知道模型僅僅是最基礎的部分**,幾何模型只是三維的呈現(任何的三維模型其實也僅是二維再多

一維的圖體呈現),但是實務應用上尚有建築、室內設計、空間區分、機電消防管路配置、土木營造對應,最終目標都會是要將實體完成,不同的單位跟使用者會有不同的執行面與邏輯,所以管理與營運的模式更加重要,**有著好的流程管理及效率分配,就能更加將工作的程序在各個層面中有效推進。**

　　以下圖為例,**從概念及草圖繪製開始,到空間模型的應用,再進到設計與施工模型的考量**,做為第一個重要的節點,**爾後,再推進到圖說模擬與施工圖說製作的第二個重要階段**,讓清楚對焦的圖說在正確的區域去對應到實際上成案結果所需的內容。

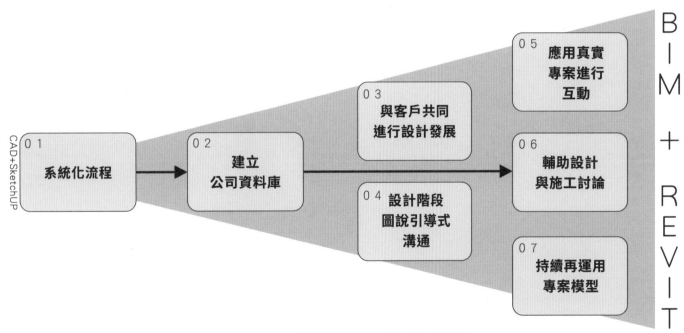

圖17:BIM應用室內裝修設計的系統化流程

1 前言

2 應用觀念

3 軟體操作重點

4 資源整合應用

5 成果導航

6 願景

Step02.資料庫系統化管理的建立優勢

　　材料資料庫**設計過程中就可以邊畫邊建立，並不需要特別先準備很多時間去建立不一定用得到的資料庫**，但是要有一個順暢的流程去建立資料庫以延伸出各種應用的可能性，來將材料的命名，以及材料的圖片還有材料的應用細節都被仔細的記入專案的雲端資料庫中。

材料庫與元件庫的重要性
提供設計者在規劃與設計中的使用多目標
並能有架構延伸不同專案

材料層級的基本設定
事務所將專案累積的經驗設定存檔
並成為公司資料庫之一
透過雲端共享資料夾分享
可達成互惠成長之目標

圖18：BIM應用室內裝修設計的系統化流程

Step03.與客戶共同進行設計發展的效率性

如何跟客戶共同進行設計發展？跟客戶共同進行設計發展有一個很重要的主軸就是，**先聽客戶需要什麼，客戶想要解決什麼問題，讓客戶提出問題後，設計者再一步步的跟客戶解決**，不論操作者是什麼產業，**需求跟提供方案其實是一個對等的事情**，屋主沒有提出需求，設計者給屋主再多方案都是沒有感覺的，打不到屋主的痛點，也打動不了內心，屋主提出的需求設計師能不能解決問題才是最重要的，所以在設計階段設計者就要善用**引導式溝通**，讓屋主更早理解各個空間的核心價值與必須理解的需求與問題。

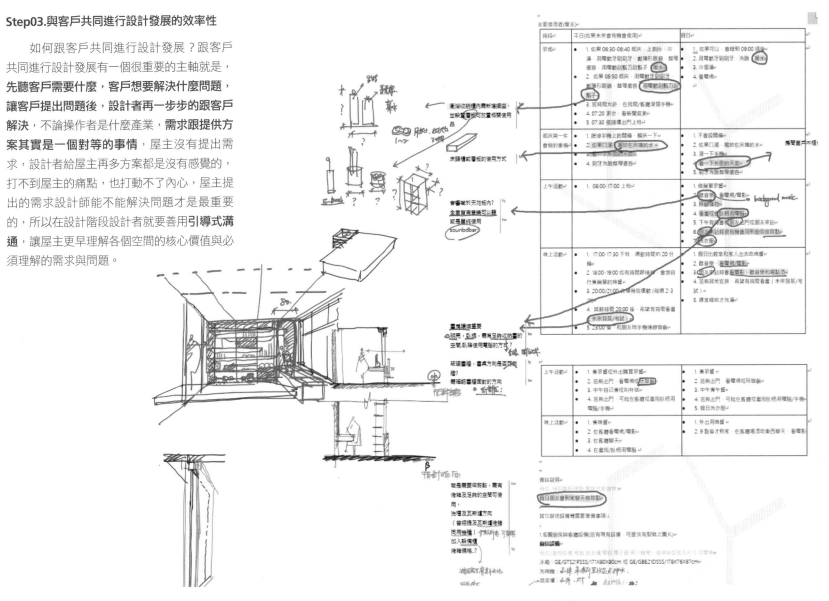

圖19：聆聽是設計推演需要產出什麼圖說的重要步驟

1 前言
2 應用觀念
3 軟體操作重點
4 資源整合應用
5 成果導航
6 願景

Step04.設計階段圖説的引導式溝通

在每個設計階段中，傳統的設計者可能會給屋主幾個方案進行選擇後再進行後續發展，但是那樣的方式很容易會發展出以下的情境：

情境1：設計初期屋主説：「設計師您全權設計，我們都可以！」，然後設計者端出了幾個方案後，屋主説：「設計師其實我們想要的是⋯，這邊能不能改一下，那邊能不能調整成XXX⋯」

情境2：設計初期屋主準備了厚厚的簡報，屋主説：「設計師我們家的風格跟內容都在這邊了，請詳閱，希望合作愉快！」，然後設計者仔細研究後，發現屋主需要的跟設計者的理念有所衝突，但是為了要能完成專案，硬著頭皮做出設計後，還是獲得屋主回應：「設計師，這不是我們想要的…」；以上兩個情境都有可能會發生，但是不論是哪種方向，其實屋主與設計者往往都站在不同的角度跟方向進行空間的設計與推演，若是設計者能夠跟屋主引導出一種「**房屋與空間彷彿是屋主共同設計的成果**」，那麼角度就會完全不同。

以往與屋主的討論過往都會建立在單純的平面動線或是空間感與氛圍感的塑造，若是設計者能夠早一點巧妙的讓屋主理解設計與圖説是整合在一起呈現且能幫助他們的房間更貼切的去設計推演，那麼屋主就能更早瞭解設計者的細心與美意；例如繪製櫃體時，往往都會提供3D或是空間模擬圖，不過在沒有尺寸之下，屋主往往只能透過圖片判斷色彩與風格是否喜歡，但是真實的重要尺寸往往都會到後期才開始討論，等到真實分割尺寸後，與漂亮的設計模擬又有不同，反而與屋主產生意見不同的結果，造成設計與成果不符，實在是得不償失；若是設計階段**不但可以討論氛圍之外，還能快速示範空間重要尺寸的界定與説明，那肯定能夠更加事半功倍的幫助設計者瞭解設計成果前的基本架構**，也能快速且有效的讓業主理解他們的空間有哪些部份是必須要去瞭解的，跟客戶站在一起設計並且發展屋主的房屋或空間，那**將會有效引導屋主跟設計者一起看著他們**

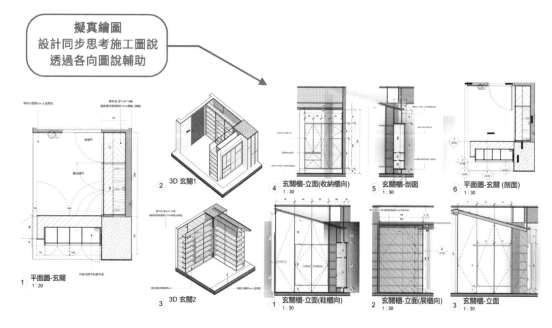

擬真繪圖
設計同步思考施工圖説
透過各向圖説輔助

圖20：讓屋主不但可以看出空間感，還能更早瞭解各項設計及機能的核心價值。

Step05.應用真實專案進行互動的優勢與學習效率

　　在一般的軟體學習經驗中，每個軟體都會提供學習者一個範例檔進行操作與學習，但是在不同的風土民情之下，以及操作背景的不同，範例其實不一定能夠符合每個學習者的背景，例如建築師與室內設計師要學習軟體的切入點就截然不同，**建築師更需要瞭解高層與建築物量體與空間的關聯性，而室內設計師就需要瞭解空間使用者的材料與櫃體的組合。**

　　學習軟體的功能與怎麼操作指令是很容易的，但是卻沒辦法讓你學到任何系統觀念，也沒有辦法根據使用者的背景進行專有的應用與操作邏輯的建立，以附圖來看，我們可以清楚看出透過基本圖說的輔助，在模型所產出的空白透視底圖上方進行設計發展的方便性，同時也能讓3D圖說有效果的輔助設計者跟屋主進行溝通，透過真實的專案進行操作的好處在於，不但可以在設計階段中，透過模型與圖說跟屋主進行雙向互動，也能獲得屋主的清晰回饋，還能帶著屋主瞭解自己的空間與發展歷程，**彷彿就擁有設計履歷般的記錄著每一個可能性，讓設計者不但能夠學習到軟體的應用之外，也能讓自己跟屋主產生更優質的互信與互動關係。**

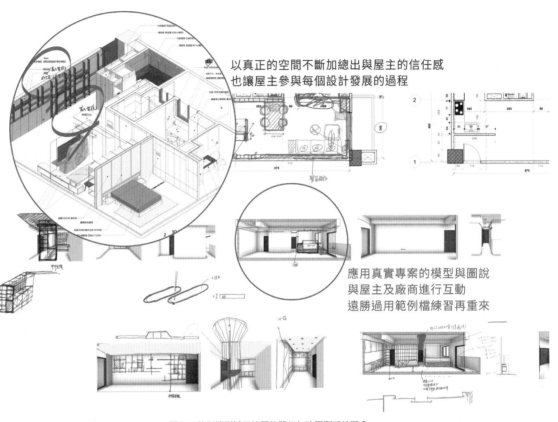

以真正的空間不斷加總出與屋主的信任感
也讓屋主參與每個設計發展的過程

應用真實專案的模型與圖說
與屋主及廠商進行互動
遠勝過用範例檔練習再重來

圖21：範例檔測試只能學軟體但無法學到系統觀念。

1 前言

2 應用觀念

3 軟體操作重點

4 資源整合應用

5 成果導航

6 願景

Step06.軟體輔助設計溝通與施工端清晰討論

在設計後期若是要跟廠商討論，透過軟體的直接開啟模型可以有效透過材料的清楚說明性與尺寸的彈性調整全面性來輔助設計施工討論，舉例來說，設計者不單單會提供給廠商施工圖說，也會開啟軟體直接進行3D翻轉與溝通，同時**在廠商有疑問時直接進行修改，讓圖直接出現最新的變動（模型有改，全部的圖都會自動改好！）**，讓廠商省事省力，也能快速理解設計者希望呈現的成果；透過BIM的資訊連貫系統，**讓圖說在修正時就能直接將模擬圖（空間成果與設計圖說）一次性完成調整，高效輔助施工廠商在施工前的討論細節**，直接將重點加註，提高設計成果的完成度，讓設計者在施工前的討論更加有系統的整合。

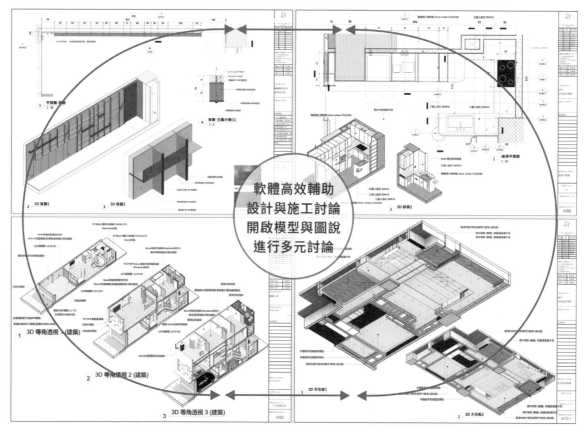

圖22：軟體高效輔助設計與施工討論：務必開啟模型與圖說進行討論。

Step07.持續運用專案模型資訊優化設計流程

過往設計者的專案模型多數建構在幾何形構的表現上，每一個專案的內容其實都有所不同，在沒有資訊的模型下，其實要不斷的延用是有困難的，例如SketchUp已完成的模型能夠再利用的往往是家具（但是家具其實也是下載的居多），所以每個空間專案的模型檔在不同的專案下就不好再運用，**就算能夠再利用，也最多是將模型的幾何型體與材料貼圖再利用，但是沒有辦法將資訊與資料系統化的管理**；反之，若是每一個設計專案都有設計者習慣的設計邏輯或是設計細節，透過BIM-REVIT可以將資訊不斷承襲的基礎下，**設計者可以將每一個裡面已經畫好的設計內容（如造型天花板，櫃體，大樣等）保存**，並且依空間類型存檔分類，讓設計資料庫持續累積，也可以在相同類型的空間出現時，將設計專案的內容取回再利用。

如此一來，能夠有三個重要的優勢：

（1）讓每個方案都能在前一個基礎上加速優化。

（2）資料庫持續累積，強化系統與材料庫的實案串聯。

（3）資訊不間斷的更新，讓公司的同事都能在持續更新的基礎上進行設計發展。

附圖就是一個40坪左右的室內設計專案的設計櫃體資料庫，透過分區域的配置，並且將資訊完整的直接帶到範例檔中，**存在公司的雲端共通資料庫中，不但可以讓同事進行資源共享，也能在材料庫中建置出專屬的公司專用資料架構，可謂一舉數得。**

1 前言

2 應用觀念

3 軟體操作重點

4 資源整合應用

5 成果導航

6 願景

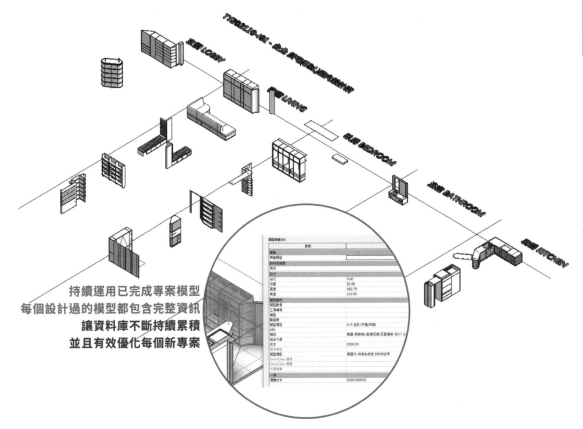

持續運用已完成專案模型
每個設計過的模型都包含完整資訊
讓資料庫不斷持續累積
並且有效優化每個新專案

圖23：讓資料庫累積以加速且優化每個新專案。

參　軟體操作重點

CH 3 軟體操作重點

BIM 軟體操作的重要起點

BIM 是什麼？

BIM軟體在操作前最容易被誤會的就是〔可碰撞檢查的3D模型〕，其實操作BIM軟體最重要的是**資訊架構與資源庫的自動化的靈活性**，特別是在物件導向（Object-oriented programming，縮寫OOP）的程式語言資訊架構下，BIM軟體的可重複運用性，延伸靈活性，以及後續擴充性是可以無限擴張的；

在操作軟體有三大觀念務必要先建立起來。

01. 圖說系統

編輯架構的重要性，圖說系統會牽涉到工作圖說，出圖圖說，施工圖說等內容，必須**要先有系統的有條有序的依據命名原則進行排序並且將其分類，在各個階段的工作圖說應用與出圖架構都相當重要。**

02. 資源庫

材料與模型庫的自然建置，**資源庫包括真實的材料庫，廠商分類與說明，價格與製造商等資料，**同時也必須要串聯全世界的元件模型庫，讓廠商的元件有效率的被設計者運用並進行設計需求的彈性調整。

03. 雲端同步

資訊自動雲端同步，資訊串聯代表著工作的內容被自動儲存與傳遞，就如同連上網路才能與世界溝通般，**資訊的自動化必須在跨電腦或是資料中自動被更新，才能實現材料庫，模型庫，圖檔自動更新的重要步驟。**

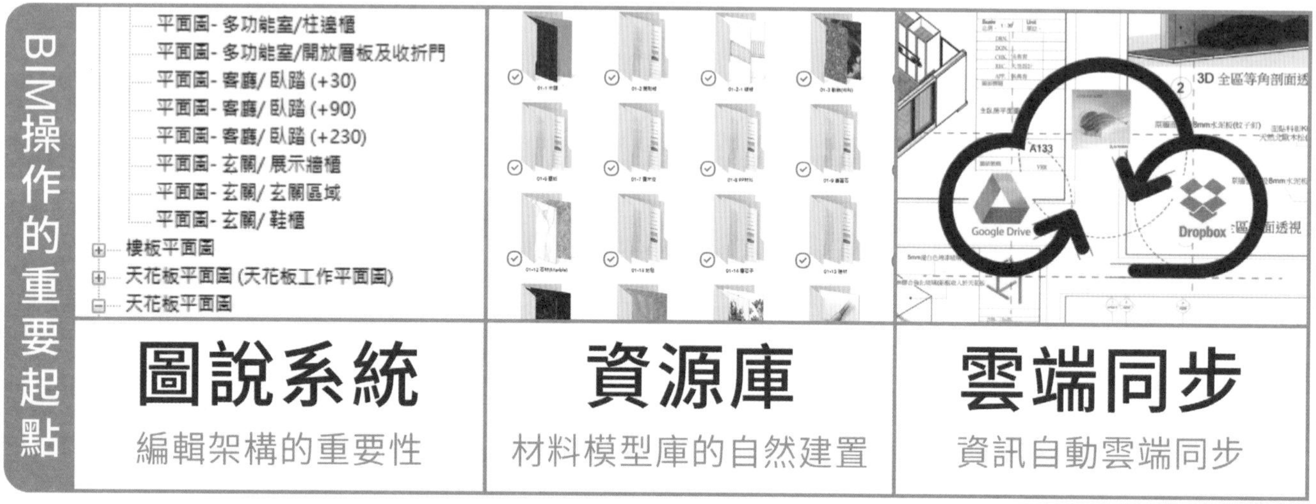

圖24：BIM操作的重要起點

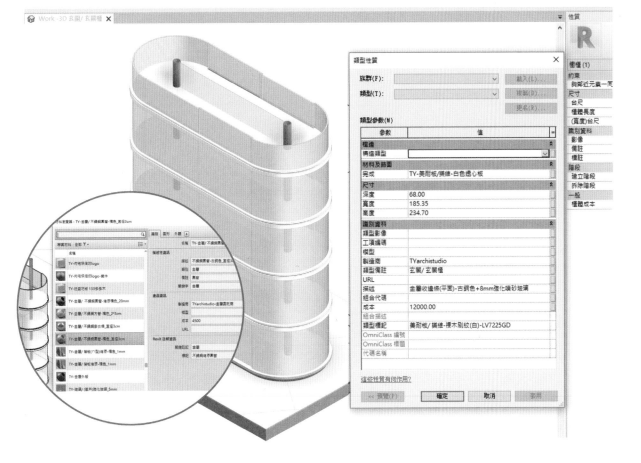

圖25：BIM櫃體的資訊界定

1 前言

2 應用觀念

3 軟體操作重點

4 資源整合應用

5 成果導航

6 願景

在物件導向的操作觀念來讓我們舉例說明，設計者可以用傳統的幾何軟體將一個收納櫃繪製出來，櫃體還可以被賦予表面貼圖材質與質感，標註基本尺寸等內容，但是傳統的幾何軟體並沒有辦法明確界定櫃身，櫃門片，櫃層板，櫃支撐腳，並且將櫃面材料資訊，櫃體單位價格，櫃體尺寸等內容儲存於模型當中，**Revit可以自由設定類型參數並且有效分類，有效的將各項資訊依據元件類別植入**，例如櫃體深度（可以指定後隨著設計變更自動更新），同時也能在材料中進行調整與變動（材料庫還可以自動同步），**以實現資料庫的隨時更新目標。**

模型建置與出圖估價的關聯

重覆不間斷的繪圖流程？

　　BIM-REVIT的**模型建置必須要能夠瞭解類型與材料的關係**，特別是軟體的構件類型，選擇不同的品類會自動帶出不同的參數，這可以比喻為**選擇了樓梯，就知道會有踏板及豎板，選擇了燈具，就會有燈光形式與燈具亮度顏色等的基本資料**，在建置模型所選擇的"**族群品類**"相當重要，這個直接界定了我們要用什麼來與其關聯，並且有效的找出資料。

　　以傳統的幾何建模軟體邏輯來看，建置完成的模型就是來模擬視覺化的成果，可變化的就是**幾何型態與表面材料**（當然也包括曲面變化等的表面變化），但是在BIM-REVIT中它已經有明確的分類，並且將相對應的參數放置在其中，透過這樣清楚的界定後，設計者就能夠**在"明細表"中快速用分類將資訊篩選出來**，進而用篩選出來的資訊進行相對應的資料分析，如數量計算、成本加總、資訊分類等工作。

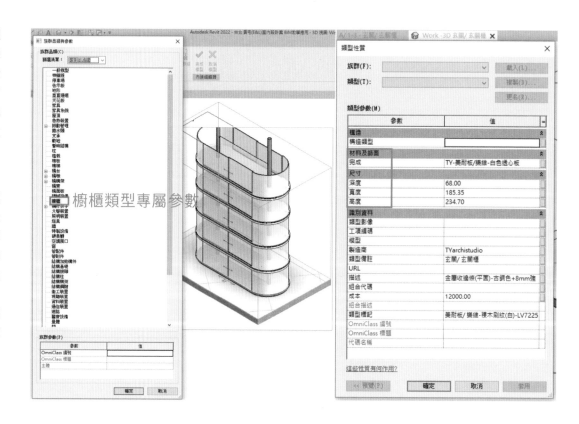

圖26：軟體的族群品類構件說明

明細表的篩選與分類

　　設計者可預先將各個分類的內容整理製表，並且持續更新設計成果以歸納出階段性的內容，例如天花板的造型面積、材料說明、預計成本、成本加總，或是牆面的油漆面積、顏色分類、成本與複價等內容；如附圖範例，在燈具的性質欄位中，有許多相對應的資訊欄位，設計者可以在 **"左邊可用欄位"** 選擇需要呈現的內容到 **"右邊明細表欄位"** 之中，進行 **自動化製表**，並且透過明細表欄位的 **"計算數值"** 的公式進行列表說明。

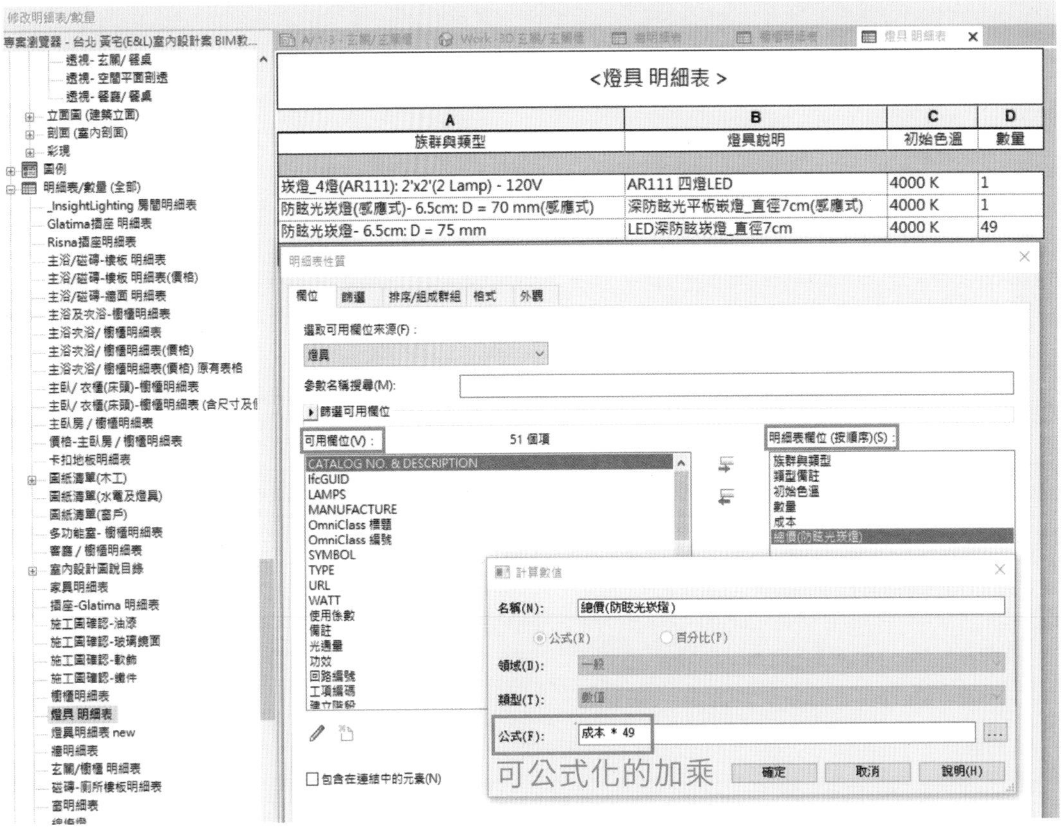

圖27：明細表操作範例-燈具

1 前言

2 應用觀念

3 軟體操作重點

4 資源整合應用

5 成果導航

6 願景

・族群類型的篩選：

在不同的族群類型（例如樓板，牆，天花板等）中，各自包含其所自有的可用欄位，我們

可以與真實的設計分類進行串聯，例如"族群"就可以視為一個主要分類，如造型天花板，或是平頂天花板，而其中的面積就**可與真實操作估算**

的坪數進行連動應用成為估價的基數；又或者牆面，就可以用"**類型**"分出不同的內容，使用面積進行成本的基數，進行估價的計算。

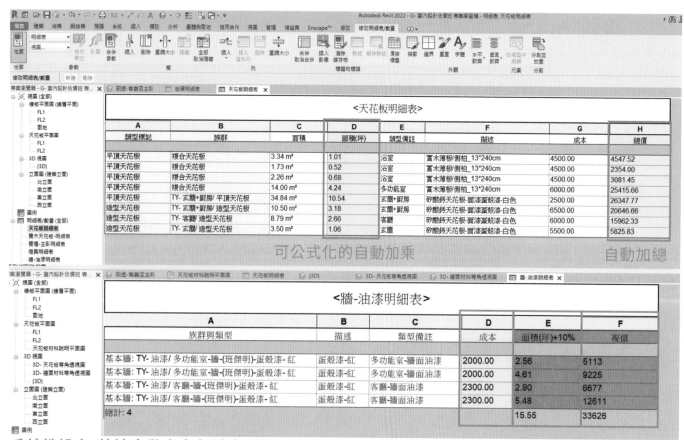

系統性設定，快速自動產出各種清單！

從成本到複價

圖28：模型建置與估價應用的關聯

1 前言

2 應用觀念

3 軟體操作重點

4 資源整合應用

5 成果導航

6 願景

· 圖說與表格的重要分類：

　　在明細表完成後，更要注意圖說與明細表的共通性，在一張排版好的圖紙中，要能有效說明"圖與明細表"的關係，同時要確認圖說是要

提供給什麼"閱圖者"看的，**給客戶的討論圖與給廠商的施工圖不會完全相同**，給客戶看的簡報圖要能清楚說明設計意向與空間內容，施工大樣等的材料細節或許可以選擇性的忽略；但相較之下，**給廠商看的施工圖就必須要有清楚的材料說**

明，施工細節，數量清單，大樣及細節等內容，因此，模型建置與圖說的相對應關係務必要仔細的推導，才能在設計發展時，有效果的產出各種給**不同對應者**的圖說與資訊內容。

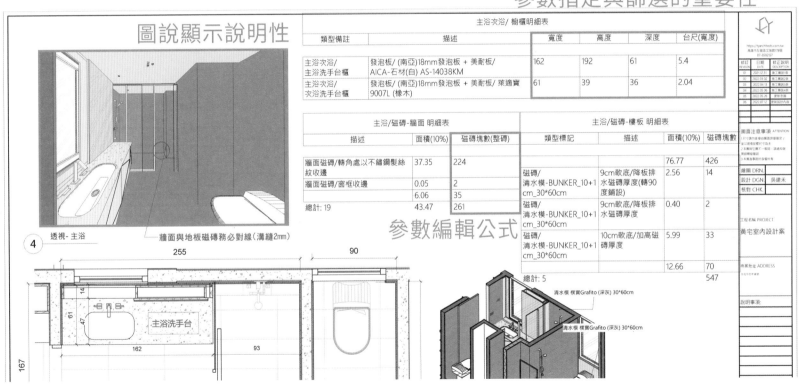

圖29：模型建置與出圖的資訊轉換

REVIT操作應用的3組重點案例

01 設計改圖？不用怕！

　　設計推演的過程中，務必要有**架構流程的前置設定**，這可以幫助設計者事半功倍，而且**可以節省相當多在重覆流程中所耗損的時間**，特別是對應設計改圖的各種階段，這其實都是經常會發生的事，

　　如何讓改圖在操作REVIT的流程順暢且通順，在架構的設定中，我們可以分為三個主軸去設定，分別為：

01. 工作圖面的安排

02. 樓層或區域的分區

03. 階段性排版

在以上的三個架構中，我們分開來說明。

01. 工作圖面的妥善安排：

有條理的系統化分類設計過程中的圖說，將各區的工作圖說詳細列出，根據設計需求，分區（樓層）及圖說分類，初期將設計發展的內容清楚列出，設計調整的過程中，若是有不同的方案，可以設**"階段"**來導出需要跟屋主說明的內容，讓圖面與設計發展相互組合在一起。

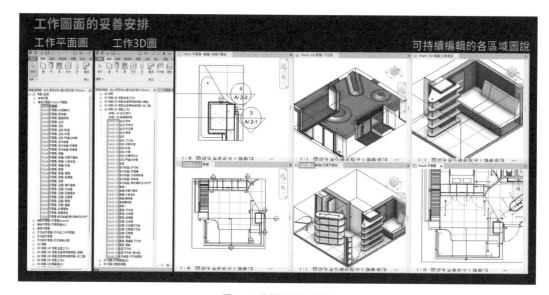

圖30：工作圖面的清楚分類

″階段″的設立時機：

所對應的專案會需要先被釐清，建築案與室內設計案肯定會有所不同，**在建築的部份可以概分為基地到室內設計，而在室內設計的階段可以概分為現況到軟裝**，由於不同階段所呈現的內容有所不同，所以這樣的功能正可以為專案有效的分出不同設計階段，讓**設計者可以在專屬的階段中進行完整的設計調整。**

（建築設計）：建築法規檢討階段會需要較多的面積與尺寸的對照，那麼這個階段所對應的〔專用檢討樓板或牆體〕就只能放在那個階段，在進到建築設計的階段就能夠被完整隱藏。

（室內設計）：在初始階段的原況通常會有所微調或是局部拆除，那麼拆除的內容就能夠在下一個階段被隱藏掉，彷彿是真的在下一個階段被拆掉一樣，從上述兩個角度來看，就**能夠知道只要在階段中設立完善，那就完全不用擔心各階段設計內容的相互影響。**

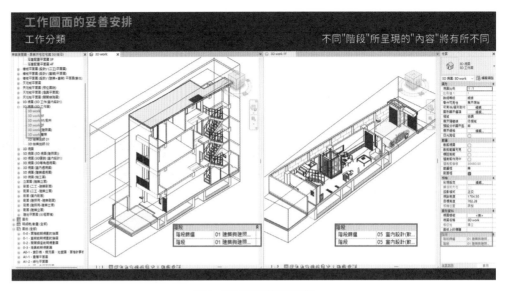

圖31：工作圖面的階段性設定

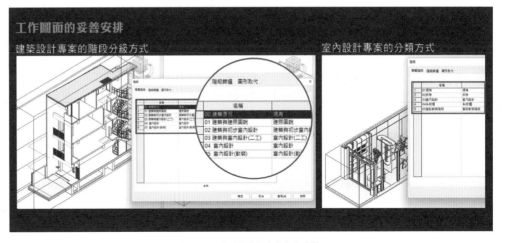

圖32：工作階段的設定與內容建議

1 前言

2 應用觀念

3 軟體操作重點

4 資源整合應用

5 成果導航

6 願景

02. 樓層或區域的分區：

複層空間角度：在不同的樓層中，要設計的內容分別都有所差異，但是由於建築或複層空間的整體性相當重要，因此我們必須要將樓層或是區域分開寫詳細，**透過有效的分類，在後期設計變更或是圖說輸出時將可以快速找到內容**，也能讓獨立區域的討論更加簡潔。

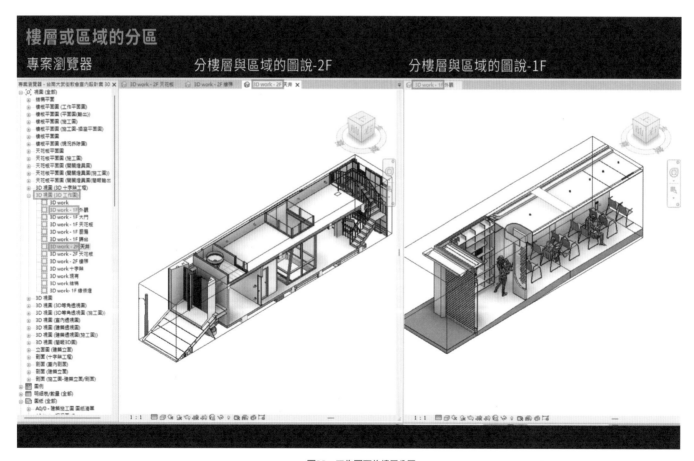

圖33：工作圖面的樓層分區

單層空間角度：在單一樓層中，各個空間配置皆有其獨立的設計內容要處理，在圖說經過區域分類後，可以**透過"命名"有效自動依序排列**，並且可以將分區域內的各裝修需求依層級擺放出來，這個方式有一個最大的好處，圖說可以無限制的增加或減少，只要有需要，都能夠擴充又不影響到圖說的排列跟發展。

1 前言

2 應用觀念

3 軟體操作重點

4 資源整合應用

5 成果導航

6 願景

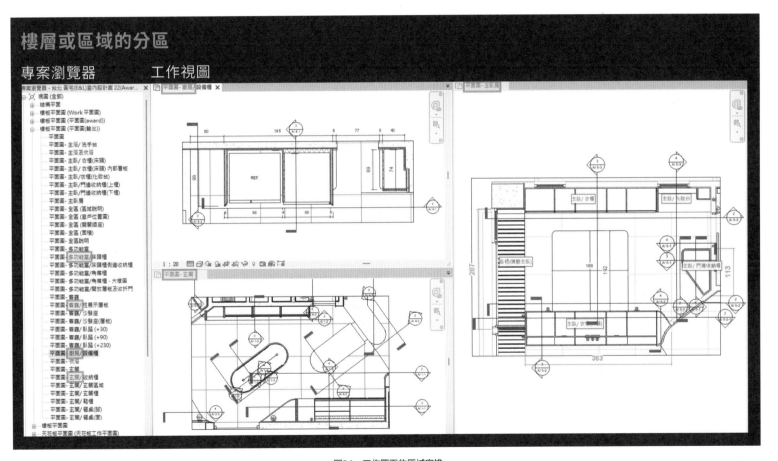

圖34：工作圖面的區域安排

03. 階段性排版：

圖說的提交對象將會是設計者**訂定排版內容的重要前提**，一般情況下，會分為二個對象，分別為業主及廠商，因此，圖說可先區分為〔**簡報圖説及施工圖説**〕，在此簡報圖説的對象即是業主，而**施工圖説的對象即是廠商**。

〔針對不同對象所提供的"圖説"〕－複層專案

在複層專案的簡報圖説排版中，由於有不同樓層的組合，因此會在層級上列為：

樓層／區域／施作內容

而提交給業主的圖說，會更加偏向於**導引業主理解設計意圖的方向**，相對於業主，提交給廠商的圖說，不但要分清楚樓層，分清楚施工工種，還會著重在材料尺寸與型號等方便瞭解施工細節及易於估價的內容。

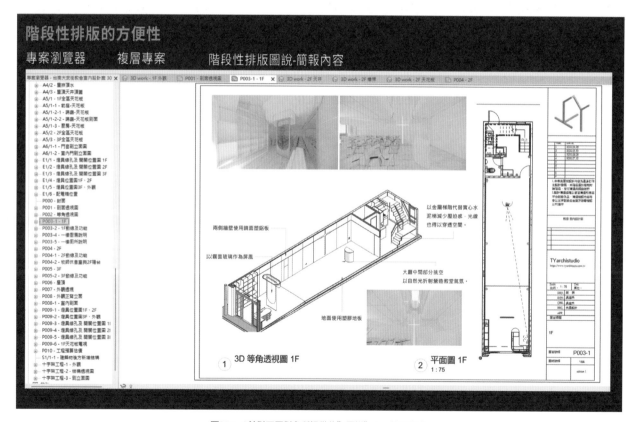

圖35：〔針對不同對象所提供的"圖説"〕－複層專案

〔針對不同對象所提供的"圖說"〕－單層專案

在單層專案的簡報圖說排版中，在層級上可列為：**空間區域／施作內容／備註**，同樣地提交給業主的圖說，會偏向於導引業主理解設計意圖的方向，也**讓業主能夠在圖說上能夠清楚瞭解是否要修改或變動，提前面對必須由屋主決定的事項**；相對於業主，單層專案提交給廠商的圖說，會詳細的在圖說上標出材料及尺寸與型號等方便廠商詳細瞭解施工細節，並加入材料清單或品項清單，**提供廠商更加方便討論與估價的內容。**

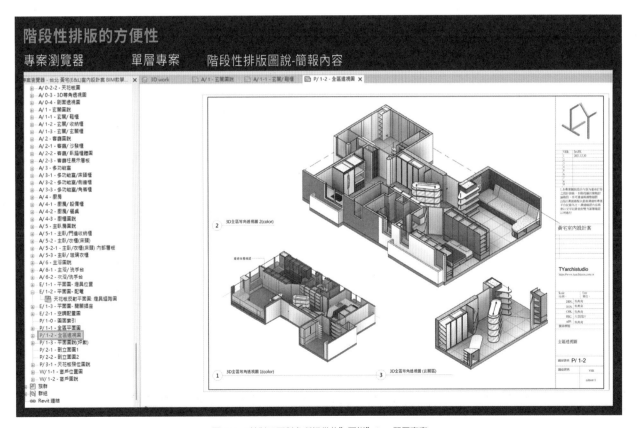

圖36：〔針對不同對象所提供的"圖說"〕－單層專案

簡報（業主）＋施工圖說（廠商）的前置作業：
在上述的圖說前置作業安排下，設計主模型是持續運行的，但是**圖說排版是已經固定出來的內容**，因此，不論模型怎麼修正，圖說都會一直持續自動更新，就算改圖也都不用擔心排版需要重來，**改圖其實是優化的一種過程記錄，每個履歷**都值得被記錄下來，這也就呼應我們**在操作時不需要擔憂被改圖的窘迫所發生的狀態。**

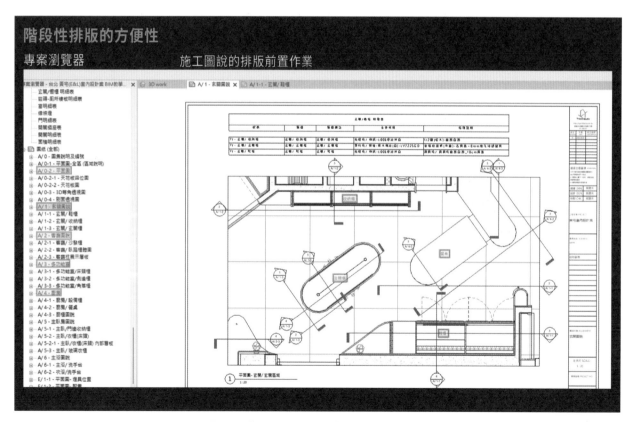

圖37：〔針對不同對象所提供的"圖說"〕－複層專案

02 專屬於公司的系統化資料庫（材料與元件）

模型與圖說的層級

在REVIT中，有"**族群**"跟"**類型**"的重要基本層級，相對於傳統的製圖軟體是由單純的點線面組合為幾何型體，REVIT是**依據真實模擬的族群（例如：牆及樓板）來進行操作**，所以資料庫的存在就會更加重要。

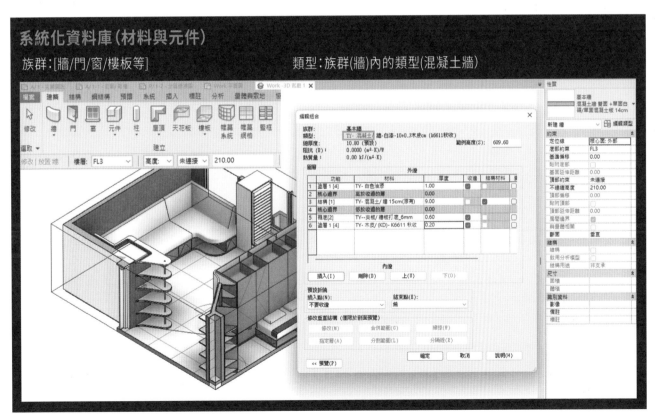

圖38：清楚的模型層級與分類及命名

材料與元件的資料庫

　　對於系統化資料庫的**命名邏輯將會是決定資料庫是否方便擴充的第一步**，例如（圖39）所

表現的美耐板，同一種類型的材料會被分類在一起，但是不同廠牌的內容會有不同的名稱，自然其型號與特點都有所不同，**在未來複製的時候就會更加方便被操作與使用。**

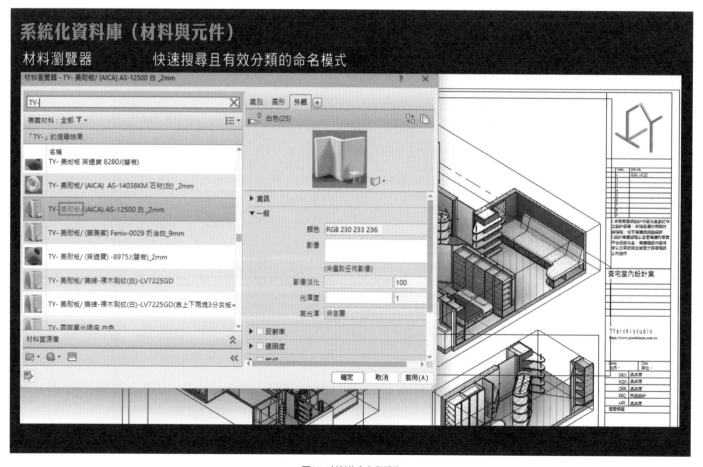

圖39：材料的命名與歸納

可持續再利用的設計模型

對於已經完成的設計成果或是櫃體等內容，可以直接將內容整理為一個專案檔，方便未來可以隨時取用的資料庫，由於設計成果的內容**並非屬於"元件"**，它們屬於〔**模型內建的設計成果**〕，因此可以特別將其內容歸納後進行後續的組合與延伸設計，延續不同階段的細節與內容，並且累積成為事務所或公司的專有資源！

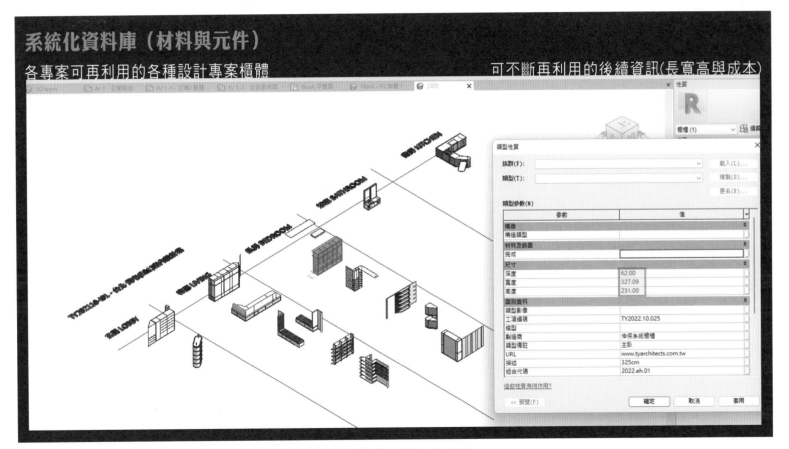

圖40：可持續不斷再利用的設計專案模型

1 前言

2 應用觀念

3 軟體操作重點

4 資源整合應用

5 成果導航

6 願景

03 施工圖出圖與估價應用的搭配

圖說是建設相關產業的**共通溝通媒介**，在此段內容我們將會介紹出圖的自動化與高效率方便性的流程，而綜觀設計或施工圖說，可先概分為建築設計與室內設計兩個類別：

01. 建築設計

建築設計由於牽涉到建築執照，建築設計施工圖說，營造廠發包圖說等不同階段的內容，必須要交付給不同的對應關係，因此，**雖然是同一棟建築物，但是圖說內容將會因為不同的設計者，相異的施工者而讓圖說內容各有其說明的重點與需求。**

02. 室內設計

室內設計由於設計週期相對於建築設計的時間較短，可概分為設計圖（客戶端）與施工圖（廠商端），**在不同的時間點所要交付的圖說會有所差**異，例如要提交給客戶的設計圖相對**要更加著重如何讓屋主理解空間與施工的對應關係**，而**要提交給不同廠商的施工圖就要更加詳細的將材料與尺寸標示清楚**，以期讓施工現場更加準確的將設計成果依照圖說在現場完美落實。

在本階段我們所提出的施工圖屬於**協助施工者瞭解如何將設計成果落實的圖說**，而出圖會是一個相當重要的觀念整合，更加需要讓資料庫提早完善置入，也要能夠有清單完整表現設計成果，施工圖說有三個主要面向：

01. 確保圖說能將設計者注重的細節表達清楚。

02. 提交給業主留存，並讓業主瞭解各個空間的詳細尺寸與材料。

03. 提交相對應的資訊給不同廠商瞭解，讓廠商有效估價，並依照圖說要求進行施工與組構。

除了以上三個面向之外，Revit可以有效的將成本列出，也能直接列出各種清單，詳細的讓設計者與施工者在圖說的溝通上更加有效率，並且能提高設計成果的落實度。

在這邊我們提出四個主軸：

01. 施工圖（自動化材料說明與備註）

透過已經訂定好的自動化資料庫，讓圖說的各種材料使用材料標註功能自動拉出，並且**可在修改設計時一併自動化修改**，材料庫的內容也可以統合性的調整與變化，讓設計者能夠在施工圖階段更有彈性的操作。

施工圖（自動化材料說明與備註）

從圖說中自動將材料庫的資料叫出來　　　　　　　修改設計時還會將材料庫的資料一併連動

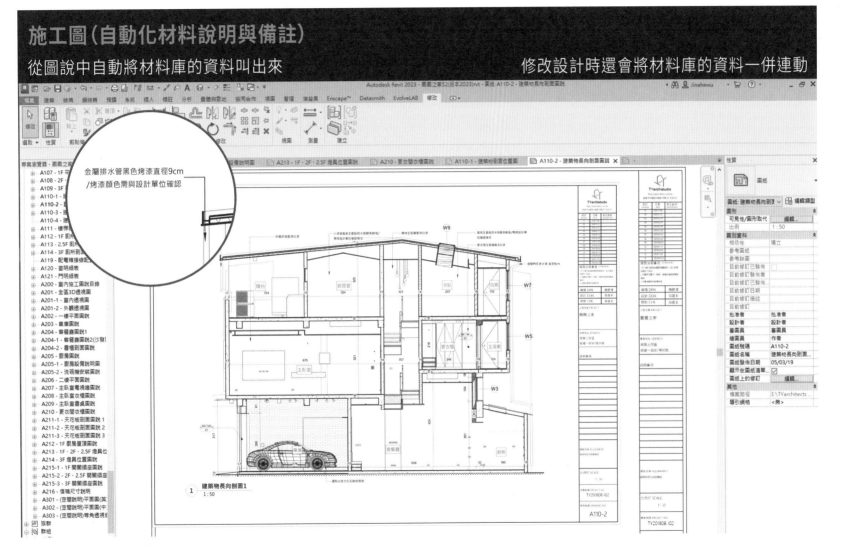

圖41：施工圖（自動化材料說明與備註）

1 前言

2 應用觀念

3 軟體操作重點

4 資源整合應用

5 成果導航

6 願景

02. 施工圖（自動化產出櫃體清單）

在設計空間中不同的區域都會有其要完成的櫃體或是裝修內容，透過清單的列表，**自動化的將各**個區域的櫃體詳細列出，不但**可以備註材料**，還**能用文字輔助說明**，此外，櫃體**資訊若有變更都會自動修正**，讓櫃體在施工端的交付更加明確。

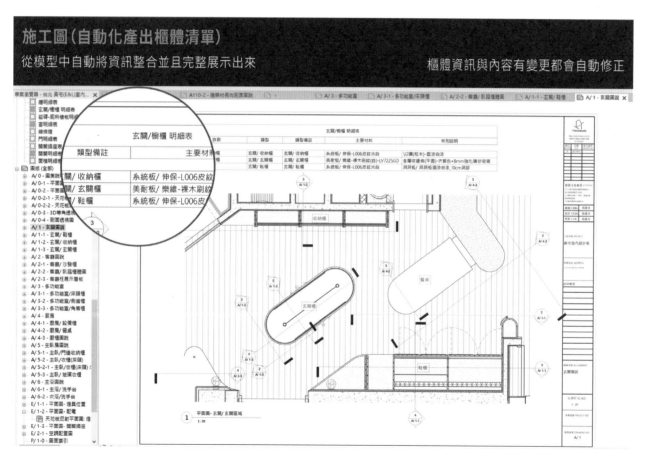

圖42：施工圖（自動化產出櫃體清單）

03. 施工圖（尺寸與材料細節完整表示）

施工圖中的各種資訊**以往都需要設計者一個字一個字的鍵入**，不但耗時又容易輸出錯誤，在Revit中施工圖說的排版若已經完成，設計者需要處理的就是**將尺寸標示並加入材料標籤即可**，不但可以快速的完成耗時耗力的施工圖說，**之後若有任何修正，全部都是連動的**，直接一次完成各個尺寸與細節的調整。

1 前言

2 應用觀念

3 軟體操作重點

4 資源整合應用

5 成果導航

6 願景

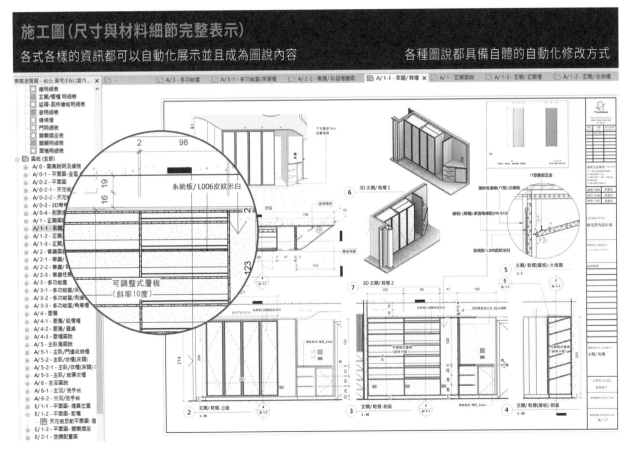

圖43：施工圖（尺寸與材料細節完整表示）

04. 施工圖併入成本說明（成本價格明確列表）

由於資訊連動的關鍵，在設計櫃體時就可以將櫃體的參數有效置入，詳細的將長寬高都輸入在設計物件之中，也**因此在施工圖中就能透過表單自動化的將櫃體成本列出**，進行櫃體價格或是材料價格的預估，不但公開透明有效率，**也能有效提高屋主端的信任感**，以及優化施工端的溝通方便度；在《設計師到CEO經營必修8堂課》的第4堂"採發管理"有提及〔資料庫系統管理要彈性〕，並且提及資料庫計價與系統操作發包價格的興利防錯觀念，在BIM-REVIT中可以自動化處理的這個部份就能夠相互吻合，由於估價資訊是與設計圖說共同組合的必備過程，所以能夠更加搭配設計者在設計調整與思考的彈性，也能自由控管可被自動估價的內容（如磁磚或玻璃等），當然系統櫃或是更加複雜的造型天花板都能夠有相當大的彈性去對應單價與複價的組合。

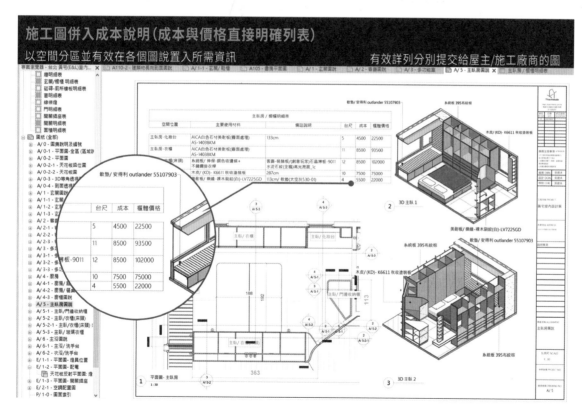

圖44：施工圖併入成本說明（成本與價格直接明確列表）

筆記區

01. 軟體操作重點

02. 圖說與操作的核心觀念

03. 施工圖的成本與估價關係

1 前言

2 應用觀念

3 軟體操作重點

4 資源整合應用

5 成果導航

6 願景

《設計師到CEO經營必修 8 堂課》

4 Integrating

肆 資源整合應用

CH 4 資源整合應用

在建築與室內設計管理中

　　BIM技術已經成為設計界中一個嶄新且值得關注的平台與流程技術，在其多元的整合應用中，通過不同的使用者或工程需求，可以個別分類整合出專有的資源與對接的方式。在第4章，我們將提出4個主要的應用方式，分別為**豐富資源及外掛的多元應用、設計資訊的流通與串聯、廠商與材料的實務對應說明、媒體與獎項的應用發展**。

　　透過BIM平台應用的協助，設計團隊將可以更有效率地進行設計信息的流通和串聯，同時還可以運用不斷增加與擴充的豐富資源和外掛進行更多元化的應用。此外，BIM還可以幫助設計團隊與廠商們進行更多元的協作，**並實現長久以來大家最在意的材料和產品等的對接模式，也讓設計端能更準確的模擬和管理設計成果的發展**。隨著BIM在室內設計管理中持續的發展和應用，未來它將會為整個行業帶來更多的創新和發展。

豐富資源及外掛的多元應用

　　BIM技術的豐富資源和多元外掛使得室內設計師可以在設計專案中不同階段中輕鬆地導入和應用相關的設計工具和插件。以下分為兩個方向來說明它的應用，共分為（一）設計發展與（二）資訊串聯。

（一）設計發展：

　　設計發展的相關外掛可以有效的將已經完成的模型進行轉換或是加強處理，提供更多輔助設計的高品質彩現或是優化的高效率成果，直覺式的持續性串聯，將設計價值發揮到更完善的境界。

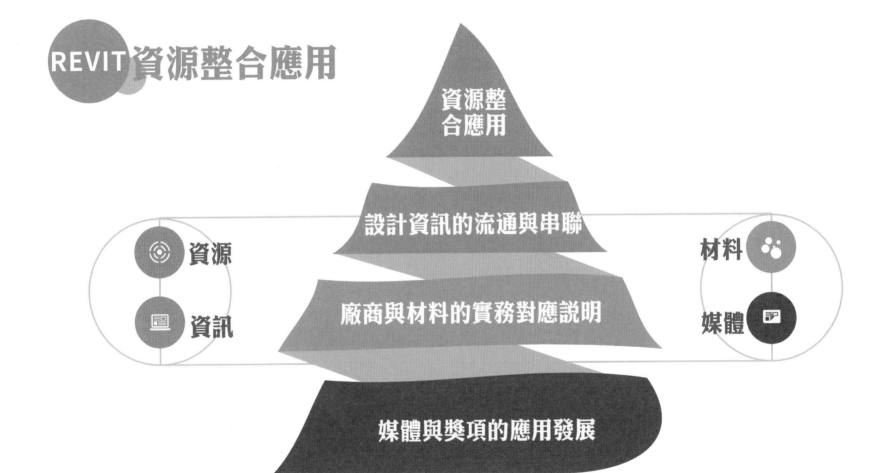

REVIT 資源整合應用

資源整合應用

設計資訊的流通與串聯

廠商與材料的實務對應說明

媒體與獎項的應用發展

資源

資訊

材料

媒體

圖45：資源整合應用的四大方向

1 前言

2 應用觀念

3 軟體操作重點

4 資源整合應用

5 成果導航

6 願景

01. Enscape：

Enscape是一款可以在Revit上即時渲染和直接實現虛擬實境的外掛，它可以讓設計師在設計的同時就立即獲得最直觀的視覺回饋，協助設計師進行設計思考與溝通對應。Enscape的操作簡單，只需開啟外掛，一鍵就將3D模型轉換成圖片動畫甚至是VR，讓設計者可以快速且輕鬆地瀏覽整個設計階段性成果。其優點有以下幾個主軸：

1. 即時渲染

在設計過程中即時呈現出最終效果，節省了傳統不斷打光與修整模型細節和渲染跑圖的時間，讓設計師可以有更多時間專注於設計本身，進行更多深度的思考與發展。

2. 視覺反饋

將設計模型轉換成高品質的圖片及影片，讓使用者可以立即獲得最直觀的視覺反饋之外，也能輸出圖片或影片成為設計履歷中的一部份，持續更新各個階段的設計成果。

3. 虛擬現實

將3D模型一鍵轉換成虛擬現實（Virtual Reality）場景，讓使用者可以通過VR頭盔串接直接進入設計模型空間當中，以最直觀的方式體驗整個建築或空間場景，進一步提高了設計成果的體驗，也能優化設計討論的流程。

4. 高效率操作與回饋

操作相當簡單，開啟後即可將3D模型直接轉換成渲染後的成果影像，同時還可以透過調整的基本參數變更日光與室內光線，或是背景等細節，相當方便快捷，大大節省了設計者在操作和編輯的時間。

REVIT 資源及外掛應用-設計發展

Enscape

Revit使用者可以在軟體中自由同步使用作為實時渲染工具，完全不會干擾設計工作流程。此外，對於跟客戶直接演示和推導設計流程特別有幫助。

圖46：資源及外掛應用-設計發展

02. Lumion® LiveSync® for Autodesk® Revit®：

Lumion LiveSync 是由Lumion公司所開發的可即視化整合外掛，在Revit中捕捉實時數據，包括相機位置和視角、光線和環境條件等，並自動同步地將其傳送到Lumion中進行渲染和即時預覽。快速幫助室內設計師更直觀與直覺的展示設計方案。**它可以將REVIT所建置好的模型即刻轉換為高品質的渲染圖片和動畫，使設計方案更加生動和具體。**由於透過這個外掛可以REVIT模型及空間直接投接到到Lumion的3D環境中進行即時渲染，提供了設計者更加快速而直觀的設計選擇，增加即時查看與修正回饋的功能，有效幫助設計者在設計決策的考量多元性與表現性。

以下是2個Lumion的優點：

1. 即時預覽

使用Lumion® LiveSync®可以在Lumion的全景環境中即時預覽Revit的模型[1]。在Revit中進行的任何更改都可以在Lumion中立即查看，這有助於用戶更快速地進行設計。

2. 導出專用檔案

可以使用Collada (.DAE)導出器將Revit模型直接導入到Lumion之中，進行後續龐大的Lumion內的資源庫的輔助效果產出，特別的是，它也支援材料的直接導出，方便在後續進行管理。

Lumion

Lumion可即視化整合外掛，在Revit中捕捉實時數據，包括相機位置和視角、光線和環境條件等，自動同步地將其傳送到Lumion中進行即時渲染預覽。快速幫助室內設計師更直觀與直覺的展示設計方案。

圖47：資源及外掛應用-設計發展

1 前言

2 應用觀念

3 軟體操作重點

4 資源整合應用

5 成果導航

6 願景

03. ArchSmarter PowerPack

ArchSmarter PowerPack是一個針對Autodesk Revit開發的應用程式，可以幫助使用者更高效地完成設計和建模工作。它提供了一系列的工具和功能，用戶可以自由選擇使用，以滿足他們的特定需求。

以下是ArchSmarter PowerPack的主要應用：

*視覺化對齊：此功能允許用戶將視圖或元素對齊到特定的點或對象，從而提高精度和效率。

*命名規範化工具：通過這個工具，用戶可以快速且輕鬆地命名元素，如視圖，樓層和材料等。它還可以自動添加預設前綴和後綴，從而確保命名的一致性。

*一鍵生成樓層平面圖：這個功能可以自動創建樓層平面圖，省去了用戶手動繪製的時間。

*自動創建視圖：通過這個工具，用戶可以自動創建標高，剖面，立面和其它視圖等，從而大大減少了繪圖的時間。

*批量更改：這個功能可以讓用戶批量更改元素的屬性，如標高，圖層和材料等。它還可以自動更改相關元素的屬性，從而確保設計的一致性。

ArchSmarter

PowerPack可以幫助使用者更高效地完成設計和建模工作。它提供了一系列的工具和功能如視覺化對齊，一鍵生成樓層平面圖，自動創建視圖及批量更改

圖48：資源及外掛應用-設計發展

04. Coins Auto-Section Box

Coins Auto-Section Box是一款在Revit中非常常用的外掛，它提供了一個簡單而快速的方法，讓使用者能夠快速創建一個立方體範圍，並從中選取要查看的區域。

在Revit中，當想要檢查一個模型中的特定區域時，通常需要花費許多時間手動縮放視圖，並繼續旋轉，直到找到需要的區域。這樣不僅耗時，而且容易出錯。然而，Coins Auto-Section Box就是為了解決這個問題而設計的。

Coins Auto-Section Box的使用非常簡單，**只需要單擊一下Revit中的圖示，就可以創建一個立方體範圍，然後，使用者只需要調整這個範圍的大小和位置，即可輕鬆地找到需要的區域。**它可以讓使用者更快速、更精確地檢查他們的Revit模型，同時也提高了使用者的工作效率。

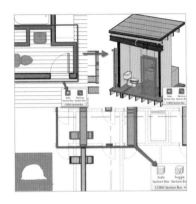

Coins Auto-Section

Coins Auto-Section Box它提供了一個簡單而快速的方法，讓使用者能夠快速創建一個立方體範圍，並從中選取要查看的區域。提高了使用者的工作效率。

圖49：資源及外掛應用-設計發展

1 前言

2 應用觀念

3 軟體操作重點

4 資源整合應用

5 成果導航

6 願景

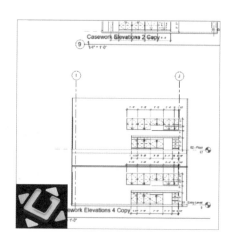

Veras

基於人工智能技術的Revit®可視
化外掛，可以將 3D 模型　幾何
形狀　當作創意和靈感的基礎。
它提供了與Ai數據庫串連的語言
模型，可以幫助設計者在初期導
入或是風格切換的相關工作

Glyph

是用於Revit 自動化工作流程的
外掛程式，可以快速、準確地建
立模型中的資訊輸出內容，大幅
度縮短設計及出圖等操作時間。

功能包括：自動標註/自動標籤
/自動圖說設置/自動表格創建

圖50：Ai與自動化應用的設計發展

05. Evolve lab

EvolveLAB 是一家總部位於美國科羅拉多州丹佛市的科技公司，專門為建築、工程和建設行業提供技術和解決方案。其目標是利用最新的技術和工具，將建築和工程設計的流程變得更加高效、準確和具備可持續性。EvolveLAB提供的服務包括建築資訊模型（BIM）諮詢、工作流程優化、虛擬現實（VR）和增強現實（AR）應用、3D掃描和建模等方面。其中，針對Revit的應用與外掛有以下5個主要的程式：

（1）VERAS

Veras® 是一款基於人工智能技術的Revit®可視化外掛，可以將 3D 模型"幾何形狀"當作創意和靈感的基礎。它提供了與Ai數據庫串連的語言模型，可以幫助設計者在初期導入或是風格切換的相關工作，用不到幾分鐘的時間，快速創建充份豐沛視覺效果的圖説，幫助設計者有效展示及傳達設計想法給客戶。此外，它也具有內置的幾何優化能力，可以自動優化或是忽略Revit模型中的幾何形狀，提高渲染速度和圖片的素質，有效的協助設計者更輕鬆地將其設計推導成為可行的參考內容，再透過設計者對應而轉換為真實的內容，幫助設計者更快速找到最佳設計方案。

（2）Glyph

Glyph是用於Revit自動化工作流程的外掛程式，可以快速、準確地建立模型中的資訊輸出內容，大幅度縮短設計及出圖等操作時間。以下是Glyph 的4項主要功能：

1. **自動標註**：根據元素的類別對其進行尺寸設置，或是直接選擇視圖和元素進行尺寸設置

2. **自動標籤**：根據族群類別對其進行標籤顯示，或是直接標籤表格內容

3. **自動圖説設置**：從樓層，房間，視圖類別等內容進行自動圖説產出

4. **自動表格創建**：從樓層，房間，甚至從Excel的資料產出表格

1 前言

2 應用觀念

3 軟體操作重點

4 資源整合應用

5 成果導航

6 願景

（3） Morphis

Morphis是可以幫助建築設計師和工程師在早期設計階段進行更好的分析和決策的外掛程式，可以將模型的數據進行參數化快速變動,並且以圖像直覺式的呈現。以下是 Morphis的重要內容及功能：

1. 決策協助：根據尺寸及模組等內容，進行快速調配與測試

2. 效能表現分析：快速配置空間家具與相關尺寸，自動化測試

3. 可定制化的參數：以參數的調整進行變動，有效提出可回應變動的呈現

（4） Helix

Helix是可以幫助建築及室內設計師等轉換模型與圖說的好用外掛程式，可以將不同軟體的模型進行快速轉換，支援了相當多的原生族群與類型，從建築模型，空間模型，家具網面（Mesh），AutoCAD平面圖切換都可以快速轉換成功

（5） Bento

Bento是幫助建築師、設計師和承包商在更輕鬆地使用Revit的外掛程式。涵蓋了快速的自動化任務，包括重新編號視圖、可以有效的將圖紙在傳統使用上困擾的編號順序進行有效的推進，以及控制點雲的可見性。

1 前言

2 應用觀念

3 軟體操作重點

4 資源整合應用

5 成果導航

6 願景

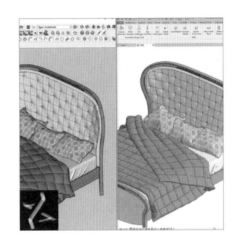

Morphis

幫助建築設計師和工程師在早期設計階段進行更好的分析和決策的外掛程式，可以將模型的數據進行參數化快速變動,並且以圖像直覺式的呈現。功能包括：決策協助/效能表現分析/可定制化的參數

Helix

可以幫助建築及室內設計師等轉換模型與圖說的好用外掛程式，可以將不同軟體的模型進行快速轉換，支援了相當多的原生族群與類型，從建築模型，空間模型，家具網面(Mesh)，AutoCAD平面圖切換都可以快速轉換成功

圖51：資源及外掛應用-設計發展

(二)資訊串聯：

01.Ideate BIMLink:

(https://ideatesoftware.com/ideatebimlink/support)

這是一個可以在Revit和Excel之間輕鬆傳輸BIM數據的插件。可以更輕鬆地將Revit數據輸出到Excel中進行編輯，然後再將更改反映回Revit中。

Ideate BIMLink它可以幫助使用者高效管理Revit中的數據，**這個外掛程式通過將 Revit 中的數據連接到 Microsoft Excel 中，實現了在一個易於編輯和管理的環境進行批量操作的能力。**

使用者可以通過 Ideate BIMLink 在 Excel 中添加、修改和刪除 Revit 元素的參數和屬性，並且可以從 Excel 將這些更改同步回 Revit。這樣可以大大簡化編輯和更新 Revit 模型的過程，同時提高數據質量和精確度。

Ideate BIMLink 還具有一個非常有用的功能，就是可以快速生成和更新 Revit 模型中的標籤和視圖。**使用者可以通過在 Excel 中輸入標籤和視圖的相關數據，然後將其同步回 Revit，從而快速生成和更新模型中的標籤和視圖。**這樣可以節省大量時間和精力，同時提高工作效率和準確性。

REVIT 資源及外掛應用-資訊串聯

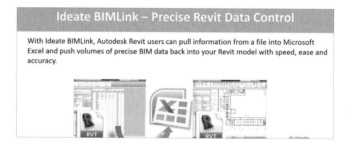

Ideate BIMLink

Ideate BIMLink
它可以幫助使用者更高效地管理 Revit 中的數據。
這個外掛程式通過將 Revit 中的數據連接到 Microsoft Excel 中，實現了在一個易於編輯和管理的環境中進行批量操作的能力。使用者可以通過 Ideate BIMLink 在 Excel 中添加、修改和刪除 Revit 元素的參數和屬性，並且可以從 Excel 將這些更改同步回 Revit。這樣可以大大簡化編輯和更新 Revit 模型的過程，同時提高數據質量和精確度。

圖52：資源及外掛應用-資訊串聯

02.IMAGINiT Utilities for Revit: Excel Link Tool:

https://www.imaginit.com/software/imaginit-utilities-other-products/utilities-for-revit

IMAGINiT Utilities for Revit是一個強大的Revit外掛套件，它包含了多個軟體工具，幫助用戶更高效地進行建模和管理。其中，Excel Link Tool是一個非常實用的外掛，可以將Revit中的資料與Excel進行快速且準確地互相轉換。

Excel Link Tool可以幫助Revit用戶將模型中的各種資料，例如族類型、材料、房間和標籤等，與Excel進行對接。用戶可以從Excel中直接編輯這些資料，然後將其導入到Revit模型中。這樣一來，用戶就可以更加靈活地進行設計和管理，而且能夠節省大量的時間和精力。它具有操作簡單、效率高和靈活性強等特點，是設計和管理工作中不可或缺的一個工具。

IMAGINiT Utilities for Revit

IMAGINiT Utilities for Revit
它包含了多個軟體工具，幫助用戶更高效地進行建模和管理。
Excel Link Tool可以幫助Revit用戶將模型中的各種資料，例如族類型、材料、房間和標籤等，與Excel進行對接。用戶可以從Excel中直接編輯這些資料，然後將其導入到Revit模型中。這樣一來，用戶就可以更加靈活地進行設計和管理，而且能夠節省大量的時間和精力。它具有操作簡單、效率高和靈活性強等特點，是設計和管理工作中不可或缺的一個工具。

圖53：資源及外掛應用-資訊串聯

1 前言

2 應用觀念

3 軟體操作重點

4 資源整合應用

5 成果導航

6 願景

設計資訊的流通與串聯

與國際接軌及專案接軌的設計資訊怎麼用？

　　Revit模型具有很高的可視性和互動性，**可以幫助設計師更好地理解整個設計方案**，並且有效運行各個階段的設計內容，在設計資訊的傳遞之上，模型中的**數據還可以輕鬆地串聯和流通**，從而使得不同設計階段的資訊更加直觀地呈現給設計師和各個協作團隊，此外，Revit所提供的轉檔技術也可以同步提高設計和協作的效率，將資訊有效的轉移，減少錯誤和疏漏，使得整個設計內容具備更加順暢與高效率的呈現，主要有三個重點如下：

01. 增強協作能力（模型）：

　　由於REVIT支持多種格式的轉檔輸出，設計者可以方便且順暢的將REVIT的模型或圖說與其他CAD和3D軟體進行共享和協作，支援輸出格式有DWG／DXF／DGN／SAT／STEP／IGES／FBX／OBJ／3DS／STL／SKP等內容，能夠**有相當程度提高團隊之間的協作能力。**

02. 可視化準確性（圖說）：

　　由於REVIT支持多種格式的圖像輸出，使用者可以方便地將模型所完成的圖說進行輸出，並且高效率的在之後修正時連動修改，支援輸出格式有DWG／DXF／DWF／PDF／JPG／PNG等內容。

03. 資訊整合效率：

　　在資訊內容之上，Revit可以輸出Txt及Excel檔案，讓所有的表格內容或是清單完善的被轉出再進行快速整合在一起，從而將模型中的重要資訊被完整的轉送到需要的設計或施工團隊。

　　整體來說，**我們可以將Revit視為資訊平台**，可以輸出各種格式**進行共融式協作與轉換運用**，也能實現模型與圖說的自由轉換，讓設計者更加有效率的進行各種設計發展與成果。

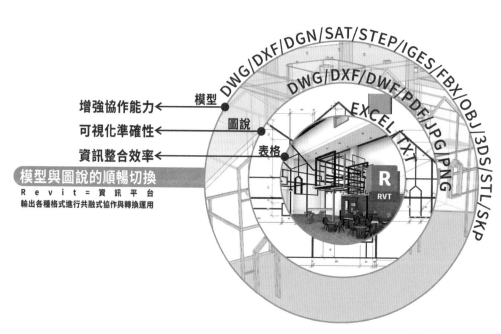

增強協作能力 ← 模型
可視化準確性 ← 圖說
資訊整合效率 ← 表格

模型與圖説的順暢切換
Ｒｅｖｉｔ＝資訊平台
輸出各種格式進行共融式協作與轉換運用

DWG/DXF/DGN/SAT/STEP/IGES/FBX/OBJ/3DS/STL/SKP
DWG/DXF/DWF/PDF/JPG/PNG
EXCEL/TXT

圖54：模型與圖説的順暢切換

在Revit模型的轉檔上，具備相當多種格式進行轉換，例如**圖55**，**Revit可以直接轉換為3D Dwg再匯入到SketchUp**，透過外掛也可以直接將材料都帶進去**skp檔之中**（SketchUp2023 PRO在安裝過程就能看到這個選項），讓模型的協助與延伸度就更加有效果，當然，要轉回去也完全沒有問題，下文將會延伸說明此點。

1 前言

2 應用觀念

3 軟體操作重點

4 資源整合應用

5 成果導航

6 願景

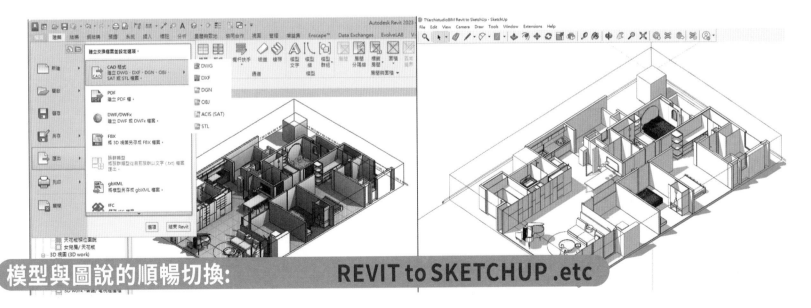

圖55：模型輸出的多元性

在圖說的輸出部份，除了PDF及JPG為標準配備之外，還有相當豐富的參數如點陣圖（Dpi）細緻度或是尺寸等可以調整，而且在除了輸出為〔**不可再編輯的檔案**〕之外，輸出為〔**可再編輯的檔案**〕如DWG也完全沒有問題（詳圖56），輸出DWG檔之前有各種細節提供調整，包括圖層，色彩，命名等都可以完美接軌，讓後續要加工的使用者能夠更加詳盡的進行彈性的調整。

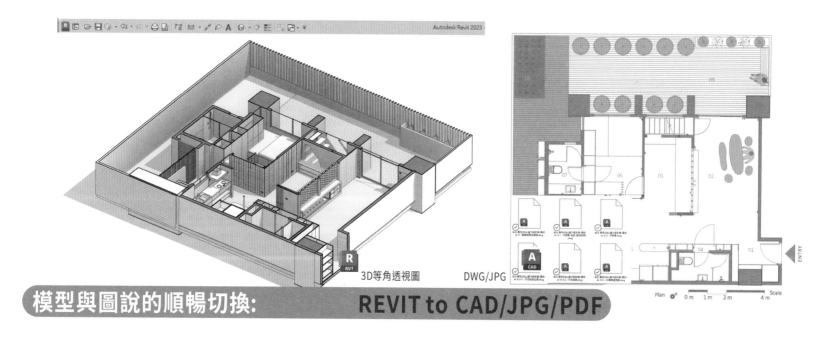

圖56：模型與圖說的順暢切換 圖說輸出再運用

承上，在輸出為圖片的角度上，Revit可以進行**圖說排版與編輯的工作**，直接將簡報或競圖報告書的內容完成，不但可以將一整套數十張圖直接輸出之外（**不用再另外到排版軟體二次加工，還可以跟著設計內容自動更新**），還能夠直接進行串接，讓簡報圖說直接輸出為Dwg檔，再匯入至排版軟體如（Corel draw/in design）等軟體進行更加細膩的平面設計加工。

1 前言

2 應用觀念

3 軟體操作重點

4 資源整合應用

5 成果導航

6 願景

版本3- 彈性融接

根據原有建築物的框架，從骨架開始創造立面分割，並且將勞博館一館的元素傳承至二館，以框架式的組裝方式進行立面組構，並且擁有高彈性自組裝的未來發展。

競圖報告書直接輸出

入口櫃台展覽區
大船入港意象
結合五金街街景
並以回收材質搭配水泥板
相互搭配規劃空間感
並以彈性吊掛架
搭配配展品牆放櫃
提供空間彈性使用

模型與圖說的順暢切換： **REVIT to CAD/JPG/PDF**

圖57：簡報與競圖報告書直接輸出

然而，既然是在使用"**資訊模型**"，那麼從專案模型轉出各種內容的需求就**會更加需要直接且順暢的處理**，快速將資訊連動並輔助使用者有效率的將各種內容串聯，例如專案中的**開關插座數量**，與屋主討論設計的過程中經過設計變更後的**數量**便可自動調整，不需再由設計操作者進行輸入，僅需確認並覆核即可，另外在"**面積**"輸出的層級上，僅需透過**[表格]**或是**[模型點選查閱]**的功能便可以快速確認，有效幫助設計者與業主的溝通與進行資訊確認。

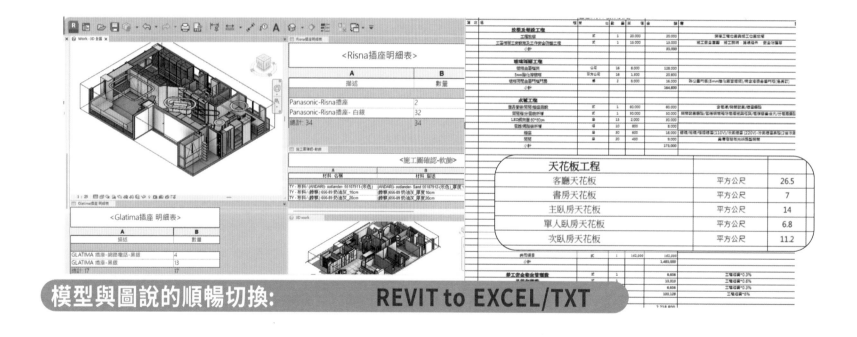

圖58：表格與文字內容直接輸出

然而，設計公司在操作軟體的界面常常會囊括各種不同的軟體，而對於**模型轉換**上，外掛的特別協助也相當有效益，透過Evolab-Helix的外掛，便可快速的將AutoCAD的圖面直接將圖面轉換成模型，幫助許多原來使用2D圖面進行設計發展與討論的使用者，更加有效果的進行設計發展，並且有效的與業主或協力廠商溝通。

1 前言

2 應用觀念

3 軟體操作重點

4 資源整合應用

5 成果導航

6 願景

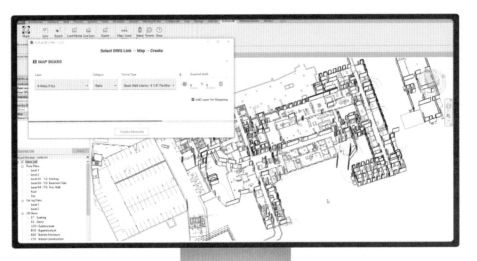

圖59：AUTOCAD也能直接匯入長出建築物

除此之外，由於業界有相當多的使用者會使用SketchUP進行幾何模型的建置，若是有轉換模型的需求，一樣可以運用Evolab-Helix進行模型轉換，提供模型的高效率轉移，並且在轉移時使用**重要分類**進行資訊的導入，幫助同一個專案，卻使用不同軟體的使用者進行有效的協作與溝通。

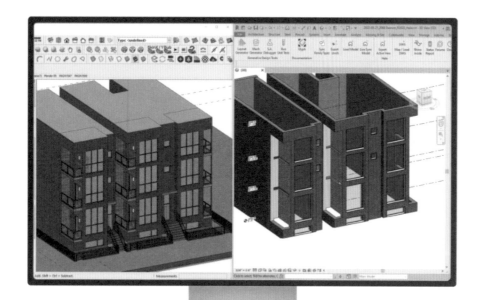

CONVERT SKETCHUP TO NATIVE REVIT MODELS

NATIVE REVIT CATEGORIES SUPPORTED
- Walls, Curtain Walls, Floors, Roofs, Ceilings, Pipes, Doors, Windows, Topography

FEATURES
- Map content by tag or material
- Expose model health warnings
- Track Model updates, where Revit model only updates if geometry changes in SketchUp

INCLUDED CONTENT
- Helix starter families with instance parameter calculation for door & window heights and widths

模型與圖說的順暢切換:(資料來源: EVOLVE LAB -HELIX)　　　**SketchUp to REVIT**

圖60：3D模型軟體直接導入原生REVIT檔案中

廠商與材料的實務對應說明

廠商產品與材料的資訊跟色卡怎麼導入 BIM 取得先機並持續更新？

1. 為什麼產品或是材料廠商需要導入 BIM ？

在建築與室內設計中，廠商和材料的存在是非常重要的組成元素，而 BIM 在這方面也有相當大的應用價值。傳統上，設計師需要蒐集大量的廠商和材料資料，並且花費很長的時間來進行評估

和比較。在整個設計流程中，擁有真實物件（產品或材料）對於設計者來説是相當重要的一個基礎，然而**在 BIM 中，這些資料都可以透過數位化的方式整合在一起**，讓設計師可以更輕鬆地進行比較和選擇。過往的模型元件多數是以幾合物件為主（也就是外型相似，比例相同，模型細節與材料雷同），但是**其相對應的真實材料與廠商資訊並不存在於模型物件當中**，而BIM的模型因為有豐富的欄位可以輸入廠商資訊（也真實的會

存在於模型當中），因此設計者可以在操作過程中與真實的廠商連接，並且瞭解真實的資訊，例如有沒有存貨，顏色，尺寸及安裝細節等內容，反觀傳統的模型僅有幾合資料，經常會在模擬圖看得到，但真實的專案卻難以使用的狀態！在下圖中，可以看到有相當多的廠商已經將真實資訊的模型提供給設計者運用，**透過完整的模型與廠商資訊的整合，讓設計者能更早掌握設計發展的細節，並且有效的將設計成果發揮得更加完善。**

1 前言

2 應用觀念

3 軟體操作重點

4 資源整合應用

5 成果導航

6 願景

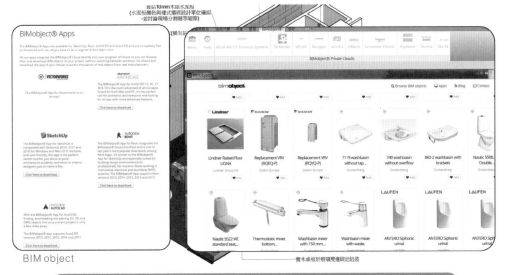

廠商與材料的實務對應說明：(資料來源: BIMobject) 豐富即時更新的真實資料庫

圖61：豐富且即時更新的真實資料庫

2. 資料庫如何隨時更新？

傳統上，在產品網頁更新廠商的資料雖然方便，但是在眾多廠商的開放資料庫下，若是沒有設計者或屋主對單一品牌**非常專一的挑選與運用**，產品網頁往往會需存在更多與設計應用以及模型無關的資訊，讓設計者難以快速挑選到產品並且有效導入。

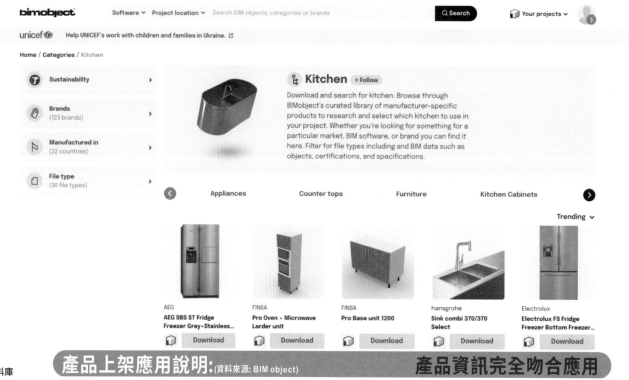

豐沛的資料庫可隨時更新：讓產品完整吻合的與設計專案接應

圖62：完全吻合真實使用的產品資料庫

但是在持續不斷更新資料庫的BIMobject（美國最大的BIM元件網路庫，可以直接看到詳細的分類與品牌等資訊）中，產品除了能夠有效的持續更新外，還能進入分類庫中提供下載，模型還可以完整吻合設計專案的內容讓設計者進行對照與後續延伸操作，例如下圖，**Kitchen的分類就是一個很棒的案例，廚房內會有哪些物件，設計者可以在這邊直接找到自己適合的內容進行規劃設計**，並且擁有豐富的資訊，以提供後續設計圖與施工圖的確認。

1 前言

2 應用觀念

3 軟體操作重點

4 資源整合應用

5 成果導航

6 願景

詳細的資訊可直接應用：模型與尺寸資訊等都能完美提供,提高完成率!

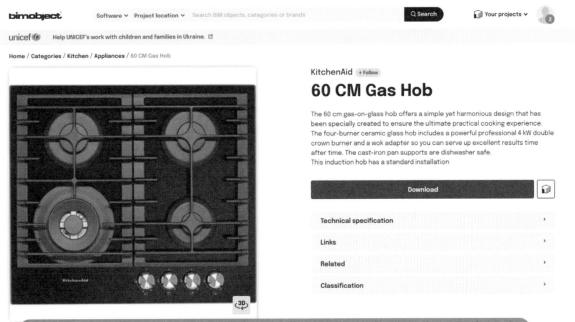

產品上架應用說明：(資料來源: BIM object) **模型提供詳細資料提高設計應用率!**

圖63：擁有詳細資訊的產品內容

3. 資料庫內應有盡有？家具 / 設備 / 壁紙 / 磁磚 / 廚具 / 門窗 / 地板等都有

國際間已經有許多廠商和材料供應商開始使用 BIM，不但可以更有效地將自己的產品介紹給設計師和建築師，還能夠與設計單位**無縫接軌**，直接將所有重要資訊同步到設計者的專案當中，透過 BIM，設計師可以進行更精確的材料和元件選擇，從而**確保設計符合預算和功能需求**，除此之外，BIM 模型或材料庫還可以幫助設計師更好地理解和評估材料和產品的真實應用，進而模擬使用情境場景從而跟客戶一起討論並選擇出最適合的材料和產品。

圖64：材料規格與細節豐富可提供設計者詳細的模擬前導

4. 品牌如何導入會有所成效？

在國際品牌的帶領下，已經有相當多的知名大廠以BIM模型推進到平台當中，除了在BIMobject上公開之外，也會在自己的網站上公開說明有模型檔免費下載，提供設計者有效**以詳細的資訊及材料進行規劃設計**，例如Karl andersson這個品牌，就以相當豐富的元件在BIMobject平台上公開發表，也因此讓更多設計者知道他們的優異產品，因此，品牌的椅子、沙發尺寸及材料細節就能夠在各種設計師的專案中出現，增加各種流量之外，也提高了設計者的信賴度與習慣性。

可直接應用的超方便資訊跟模型，讓產品完整吻合的與設計專案接應

模型與產品相呼應：(資料來源: BIM object)　好設計成果，產品提前不間斷曝光

圖65：完整資料庫讓設計者運用提供更加深入的曝光機會

此外，除了在BIMobject平台之外，義大利精品家具B&B Italia也率先在自己的網站中提供了多元的BIM模型及各種軟體格式提供設計者置入到專案中操作，除了讓設計者能夠有效率的應用在設計作品中之外，廠商還能在無縫的全世界的設計專案中進行置入性宣傳，雖然不是每個專案每個屋主都能夠真正有經濟實力使用B&B Italia的家具，但是**豐沛的模型與資訊提供了設計者相當詳細的物件內容**，除了**幫助設計者設計的空間擁有好產品的互動之外，品牌導入也直接就跟設計專案產生互動**，讓廠商的宣傳與銷售成效就像種子般不斷的播種發芽。

圖66：國際大廠以網站直接完整提供專有模型庫

1 前言

2 應用觀念

3 軟體操作重點

4 資源整合應用

5 成果導航

6 願景

完整且豐富的模型提供下載：讓設計產品完美無縫的放在設計者的專案中

Dropbox › TYarchitects TY › TY BIMfamily › 03 TY's revit metric › 04 Furniture 傢俱 › 04 晁德家具 › B&B › disegni tecnici › 2D-3D prodotti › files　　　　　　　　　ᐁ　C　🔍 搜尋 files

B&B single sofa　　REVIT_AP76　　REVIT_AT65CP　　REVIT_AT89PQF　　REVIT_AT90CP　　REVIT_AT104PQF　　REVIT_AT130L

REVIT_AT138LD　　REVIT_AT138LS　　REVIT_AT153PQF　　REVIT_AT153PQF_1　　REVIT_AT153PQF_2　　REVIT_AT190C　　REVIT_AT190PD

REVIT_AT190PS　　REVIT_AT198D_1　　REVIT_AT198D_2　　REVIT_AT198D_3　　REVIT_AT198LD_1　　REVIT_AT198LD_2　　REVIT_AT198LS_1

官網有效模型下載推廣說明：(資料來源: B&B Italia)　　　　　**隨心所欲的下載應用**

圖67：家具模型庫可隨心所欲下載

5. 如何導入與成本計算應用？示範以 SPC 防水卡扣地板為範例

導入家具或是設備其實相對簡易，下載並載入放置就可以完成，但是"材料"還可以提供更豐富的應用，整合材料的尺寸，顏色，廠商資訊，

成本等內容進行後續的應用，首先，在同樣的材料應用上，例如SPC卡扣地板在專案中的運用，由於顏色可能會需要跟屋主進行討論並持續的調整變化，進行更動以更加符合屋主在空間中的需求，因此瞬間可以轉換材料（豐富資訊的真實變

更）是相當有意義的，例如下圖就是將SPC卡扣地板的材料從**T202**（淺木紋）轉變為**T641**（灰木紋），透過資料庫的原本就存在所真實填入的資訊跟材料貼圖，讓設計者可以快速的切換，以達到溝通與呈現選擇的重要目標。

廠商材料置入示範：讓材料在設計者的專案中自然的運用

廠商材料整合與運用方式： 在材料的置入中自然的變換不同的色號

圖68：提供客戶好看又好用且多元選擇的材料庫

在廠商提供的材料上，進行自動化估算是個相當有效果的工作，傳統上需要椅賴高專業人力進行的工作，當交給了自動化系統的內容後，就能夠在（預製）明細表中看到各種重要資訊，包括使用在什麼空間，材料類型是什麼？面積為多少？換算坪數是多少？成本與總價是多少等的重要資訊，**在自動化的設計之下，廠商的材料將可以很有效的被討論與應用。**

除了透過即時彩現進行高畫質圖像模擬提高成交率外，還能有效控制成本。

1 前言

2 應用觀念

3 軟體操作重點

4 資源整合應用

5 成果導航

6 願景

廠商材料自動化估算：讓材料面積與成本自動在設計者的專案中呈現

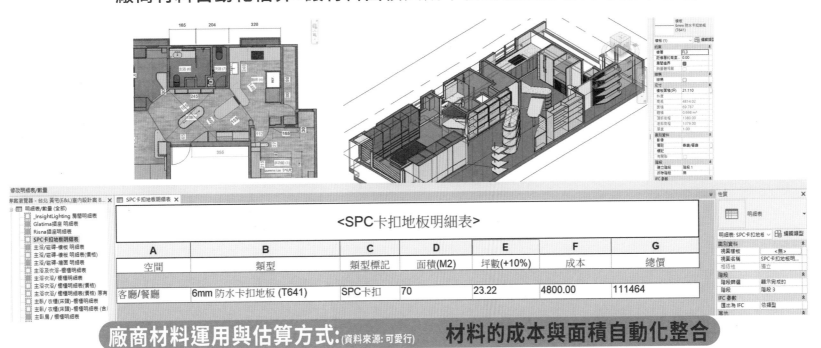

圖69：材料的成本與面積自動化整合

媒體與獎項的應用發展

如何有效將成果圖說整理完善並進行發表？

1. 作品成果發表前所包括的圖說有哪些內容？

需要提交給媒體雜誌或獎項的內容各有其規定，本書在"**媒體**"的部份先以台灣建築師雜誌與室內設計雜誌作品發表的基本需求為範例，而"**獎項**"的範例則以德國iF design award為範例；

媒體／建築師雜誌

提供內容包括：

01.建築專案基本資訊 02.平面圖 03.立面圖 04.剖面圖 05.大樣圖 06.手繪圖或3D圖說 07.外觀照片 08.室內照片

媒體／室內設計雜誌

提供內容包括：

01.室內專案基本資訊 02.平面圖 03.剖面圖 04.透視圖或手繪圖 05.照片

獎項／iF design award

01.專案基本資訊 02.平面圖 03.剖面或立面圖 04.照片 05.具說明性的設計影片 06.排版作品集

2. 作品成果發表前，有哪些圖說是必須重新處理再公開發表？

在作品完成後，雖然看起來各種圖說基本上都已完備，在設計者準備發表作品在官網或媒體雜誌前，必須重新整理圖說相關資料，然而，在成果完成前的圖說目的尚不相同，以下先進行說明圖說的差異，作品完成前的圖說通常分為兩大類：

01.屋主圖說：也就是提交給屋主的平面分區說明圖，面積規劃以及**設計模擬**等圖說，屋主溝通圖說是以討論與確認設計需求為主軸，內容會有更多與美感及實際需求的內容，並且會更著重與空間模擬及空間內容的整合度，除了面積等說明內容之外，也會有"**剖面透視圖**"輔助說明天花板與牆面的組構關係，**3D等角透視圖**說明相對位置關係，"**裝修拆解圖**"與"**空間模擬圖**"等內容，這個階段的圖說都以溝通討論及理解為主，無法作為施工圖說。

提交給屋主的簡報圖說，具備溝通與確認設計內容的基本資訊及模擬狀態

圖70：讓屋主可清楚瞭解空間內容為主

提交給屋主的簡報圖說，具備相對位置與機能等重要的溝通內容

1 前言

2 應用觀念

3 軟體操作重點

4 資源整合應用

5 成果導航

6 願景

圖71：整合機能與融合美感交付給屋主

02.施工圖說：也就是提交給施工廠商的圖說，這階段的圖說會包括的尺寸資訊與材料說明，大樣圖說等內容，以詳盡的說明角度進行圖說交付，並以設計者交付給施工者的角度進行圖說配置，圖說內容會包括各種材料型號，尺寸，設計細節局部說明，分區切割3D檔等詳細內容，這階段的圖說對屋主來說可能太過複雜，但對施工廠商來說，詳細的說明可以清楚交代各項細節。

提交給施工廠商的圖說，具備溝通如何施工準確的重要內容

圖72：施工圖說蘊含相當豐富的資訊

綜合以上的內容，我們可以瞭解到**準備要公開的圖說必須要針對媒體所需要提交的內容重新處理**，例如建築部份最基本的內容就是**平面圖，立面圖與重點剖面圖**；室內設計部份最基本的就是**平面圖與可協助說明設計創意的內容**，如何在設計工作完成後，有效的去產出針對自己所需要宣傳或繳交的內容是相當重要的步驟，下一段我們就來告訴大家如何在原有的模型中重新產出專屬於成果發表的圖說。

3. 各種成果圖說要如何在 Revit 中產出？

不論什麼範疇，平面圖都是最基本的需求，雖然不同的作品都會因為整體設計方式而有所變動，但是乾淨與清楚的內容都會是最基本的要求，以下我們就來示範如何透過Revit直接產出可以作為成果發表的平面圖，並且示範各種需要產出的圖說內容如剖面圖，等角透視圖等。

（1）平面圖：

圖說在不同的階段都有它要說明的重點，**透過已經設定好的樣版就可以快速的將已經設定好的圖說樣式套用**，並且有效的去呈現在不同需求的成果中，例如乾淨且清晰的黑白色系平面圖，或是豐富且擬真的多元色彩平面圖，不同的表現法都可以快速調整，**只要有完整的設定跟架構，未來在使用時都可以相當快速的完成！**

原有的簡報或施工平面圖直接轉換為可出版的平面圖

圖73：透過樣版套用可1秒為圖說轉換為專屬樣式

（2）剖面圖：

在不同階段的圖說會有各式各樣要處理的圖說表現基礎，例如建照的剖面圖會有粉刷線及剖面線等審查必備需求，而要呈現給媒體發表的剖面圖，則可能更需要表現出深度，對於陰影或是剖線的形式可以自由的調整，透過視圖樣版進行設定後，就可以更加詳細的將不同目標的圖說整合出來，快速套用。

原有的圖說透過樣版或是表現型式的設定直接出圖

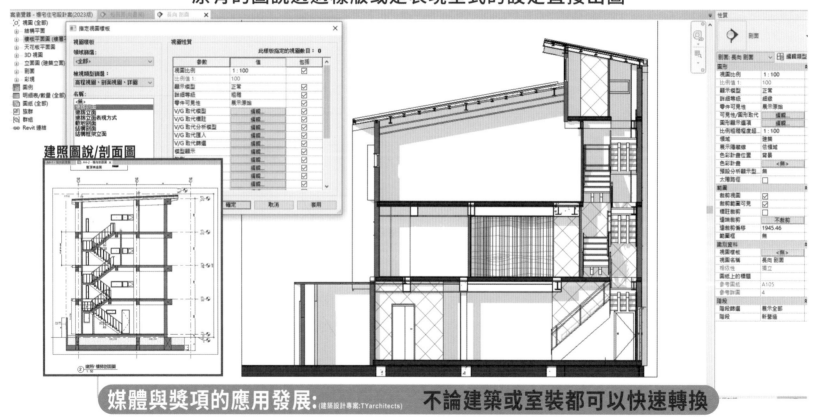

圖74：不論建築或室裝都可以快速轉換圖說

（3）等角透視圖（isometric drawing）與爆炸圖（Exploding drawing）：

等角透視圖雖然不是必備的圖說，但是它卻可以有效的快速說明空間的分佈關係，在Revit中的等角透視圖不但可以快速生成，還可以製作爆炸拆解圖，透過拆解的過程中清楚表達空間中要製作的內容與空間的交互關係。

1 前言

2 應用觀念

3 軟體操作重點

4 資源整合應用

5 成果導航

6 願景

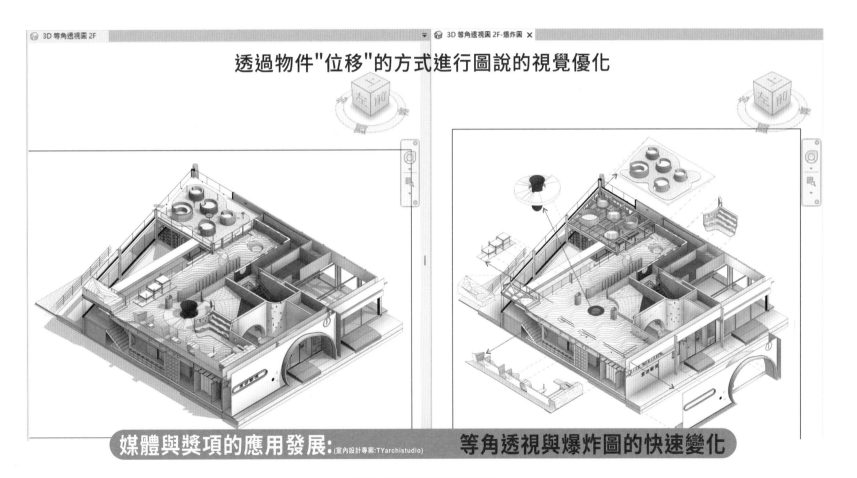

圖75：等角透視與爆炸圖的快速變化

（4）剖面透視圖
（section perspective drawing）：

剖面透視圖可以有效快速看出空間的相對應關係，因此在準備設計說明時，建議透過REVIT有效率的**將空間中重要的幾張最能表現出作品核心效果的區域運用剖面透視圖表現出效果**，不但可以直接產出高品質圖說，還能有效將空間的相對應關係透過剖面的不同比例關係進行詳細的直觀說明。

圖76：剖面透視圖的全空間完整說明

如何將成果圖整合為作品集？

作品集 - 整合式圖說的重要性

在國際獎項的準備內容中，除了基本的平面圖之外，經常會有海報或是作品集的要求，作品集了除了需要作品的所有資訊外，如何與攝影成果組合融洽，並與設計說明順暢的擺在作品集之中會是必須要面對的版面安排之一，作品集內的相關圖說都可以在Revit中直接有效率的調整後直接輸出，並且可以在檔案中進行前導排版，除了讓真正的作品集有更加詳細的草稿外，也可以讓攝影師在拍攝作品前，更有效率的瞭解需要拍攝的細節與空間感，讓整體成果更趨完善。

1 前言
2 應用觀念
3 軟體操作重點
4 資源整合應用
5 成果導航
6 願景

圖77：作品集-整合式圖説的重要性

作品集 - 讓每個過程記錄都能有效發揮其成果

獎項作品集能夠整合的內容篇幅通常都會有所限制，例如7-10個頁面，所以透過排版再與完整照片所接續的成果會更加有張力，運用原來就已經排版好的內容，可以一併讓設計成果的記錄也發揮了它的完整功效，並非只是單純的將圖說放入，而是可以有效的去組織出有故事的情節，並且透過設計圖面有順序的發展出完成的作品集。

透過REVIT產出的成果圖與照片整合成完整的作品集

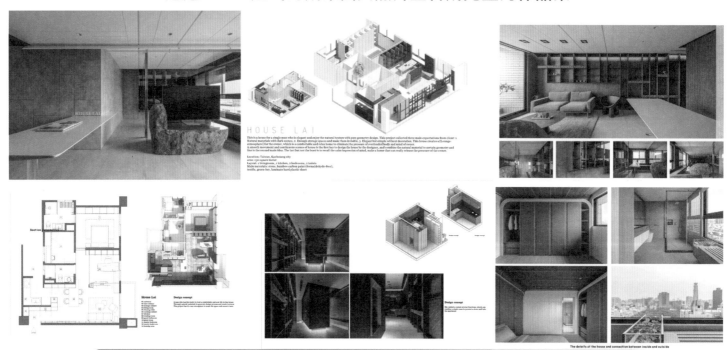

圖78：作品集-與設計過程的重要組合

綜合上述

可以發現BIM-REVIT 的應用可以相當有效果的完成各種重要圖說，並且**也能將原來就已經完成的設計圖或施工圖進行二次或三次的再利用**，資源可以不斷被擴充並發揮它的效益；從國際間來看，有許多設計師和建築師也開始將 BIM 作為一個重要的工具來推廣和宣傳自己的設計作品，並且獲得了相當大的迴響，此外，例如Archdaily 這樣國際知名的媒體網站與也持續關注 BIM 在設計界的發展和應用，並且開始報導 BIM 的相關技術和應用案例，當然也包括它的衝擊，從我們前段的介紹與運用的角度上來看，可以明顯看得出 BIM 對於圖說與後續再發展的應用力和影響力，是相當值得大家仔細運用的好工具。

透過REVIT產出的各項圖說與照片整合成專屬的作品集

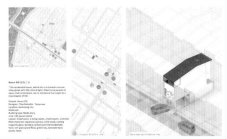

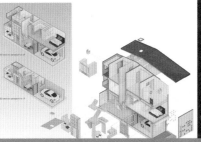

媒體與獎項的應用發展：(建築設計專案:TYarchitects) 作品集-有效說明設計細節的版面

圖79：作品集-有效說明設計細節的版面

1 前言

2 應用觀念

3 軟體操作重點

4 資源整合應用

5 成果導航

6 願景

伍 成果導航

系統化架構管理模式

> 不可能每天用同一個流程跟方法,做著同樣的工作內容,卻期待設計費及工程費翻個10倍吧?

誠如前言所述,傳統的流程已經很順暢,配合的工作組織也已經很完善,但是設計師所面對的需求與問題卻隨著不斷膨脹的設計資訊累進而指數上升,在這個Ai已經到來的時代,傳統的流程一樣可以運作,但是**相較於已經自動化運作並且讓工作流程接軌智慧動態更新的設計公司,新技術的成長是呈現指數型的速率**,傳統設計流程的工作效率與成果將會隨著時間與技術的推進,迅速的被大幅度超前,本節所談論的系統化架構,就是建立在BIM的資訊與自動化基礎之上,並且透過BIM的架構,以軟體運用及設計思考的層面提出五個重要架構

01. 設計流程的架構式更新 02.繪圖流程的結構式變化 03.施工前置準備與圖說的因應對照 04.驗收流程的圖模整合交付 05.後續維護保養的資訊串接。

根據以上五個架構,分別說明核心觀念:

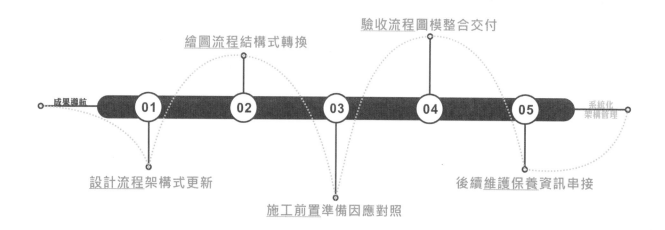

圖80:系統化架構管理模式

01. 設計流程的架構式更新

設計工具的變更會直接影響設計者繪圖的步驟，傳統上需要基地丈量，建模，設計，改圖修圖，施工圖，施工大樣圖與現場對照圖，驗收調整，維護保養等內容都還是會需要執行，但是在工具的變化下，架構也會有所不同，我們就以大家現在出門幾乎都會用到的"地圖"來當範例：

〔在還沒有不斷線網路的年代下，假設我們要到一個城市中的景點餐廳，除了準備好實體或是手機地圖以外，還需要先跟熟悉路況的朋友詢問，並且注意各種當下的路況影響，朋友總是會說，你先看到ＸＸ建築物右轉，看到３個紅綠燈後左轉，再看到ＸＸ警察局右轉，然後開過２個紅綠燈就看到了…〕

現在因為有不斷線網路的持續運行，我們要到達任何一個景點，只需要將Google map打開導航，各種路線（汽車，摩托車，行人，大眾運輸等）全都一應俱全，還可以預估不同的路線，直接AR導航；這種截然不同的工具會導致使用者有完全不一樣的體驗，當然，要完成整個導航路段的架構就會隨著使用者的需求有所不同，

因此，在設計流程上，傳統的工作模式所需要的架構與使用BIM整合自動化的架構自然會有系統上的根源式變化，從高效率溝通流程到各種

圖說的整合與配套，肯定會是一個架構式的設計流程更新

02. 繪圖流程的結構式變化

從繪圖的角度來看，過往需要先將平面圖畫完後，再進行到3D模型（當然也已經很多人直接用3D軟體建模，但是還是要回到平面圖溝通），爾後再推進到各種細節圖說如立面圖，剖面圖等內容的狀態依然在業界盛行，不過以往繪圖的過程中，需要有相當深厚的基本設計知識訓練，除了需要依靠設計者的圖學認知之外，還需要有相當的設計邏輯以串接所有的圖面，才能讓專案的設計圖說順暢運行跟發展，而BIM-REVIT繪製流程直接將中間的各個斷層融合在一起，畫圖就是建模，建模就在畫施工圖，畫施工圖就是在準備資訊整合，以下我們以兩個情境範例來簡單介紹這兩種流程的差異：

「傳統繪圖流程：設計師畫完平面圖，並且在動線與基本機能溝通完成後，便需要開始建置3D模型以進行模擬，爾後再跟屋主進行溝通，確認後再進行各項如立面剖面大樣等圖說內容的發展與修訂，這樣接續且重複相當多次的過程在遇到設計變更時，每個環節都需要重新再檢查與調整。」

「BIM-REVIT繪製流程：在繪圖的過程由於

資訊串聯與圖說模型整合的變化，讓設計者在畫平面圖時，就需要思考空間的高度與實際呈現的材料等內容，因此平面繪圖就同時在進行3D模型，同時，由於要注意到各空間的立面或是剖面等尺寸的細節，可以直接針對模型剖下數刀以檢視相關內容，並且同時給予相對應的材料以直接發展設計模擬圖。」

以上都還只是談及繪圖流程的變化，尚未談及Ai在設計輔助中的優化部份，也尚未提及資料庫在系統中的自動導入的優勢與迅速度，可以看得出光是繪圖流程的結構性調整，就已經有相當大幅度的轉換

03. 施工前置準備與圖說的因應對照

在正式施工前，尚有相當多工作內容需要準備，這段期間難免會需要跟屋主討論到更多豐富的細節，例如櫃體的色號還在猶豫，門把還沒挑好，家具可能還在考慮要現貨還是期貨等，討論完成後，還需要根據實際狀況而調整圖說內容，所以有相當多的設計細節在尚未將施工圖準備完成前還是會需要持續加入與優化，由於BIM-REVIT在設計圖說與施工圖說的差異主要是在傳遞訊息的對象（例如：屋主／材料商／施工團隊），而圖說的資訊與內容也都早已在架構上準備完善，**因此施工前置作業期就可以透過模擬圖**

1 前言
2 應用觀念
3 軟體操作重點
4 資源整合應用
5 成果導航
6 願景

搭配施工圖與現況照片不斷地進行對照並且直接修正，讓將施工圖一次性的完成外，也讓模擬圖一併呈現給屋主，同步進行各種調整，在設計完成後，施工圖也可以很快的一併產出，並且直接呼應到報價階段，進行施工快速整合的後續發展

04. 驗收流程的圖模整合交付

在驗收的過程中，需要解決的細節往往都是以現況施工成果為主，例如櫃體收邊封口細節，五金開關順暢與否，或是油漆色差等內容，這階段的內容與圖模看起來似乎沒有直接關聯，但倘若設計者可以在這個階段讓施工成果與圖模進行最後一次整合（或是在施工過程中就進行修正對照），**將可以有效的在後續的維護和保養以及廣告與宣傳時進行深度運用**，完整的真實對應圖說將可以讓設計者與屋主擁有絕對性的空間串接，除了能夠清楚的瞭解空間成果的尺寸與相關顏色等細節之外，還能夠在未來保養時清楚的說明，舉例來說，〔在屋主入住 5 年後，幸福的懷上了第一胎小女嬰，空間需要進行微幅裝修與安置嬰兒床，屋主詢問了設計師，設計師直接將當時完工的空間模型找出來，並且快速的模擬出擺放後的模擬圖，同時還將尺寸標示在其中，確保走道是通暢無阻的，此外，因為已經使用了 5 年的油漆想要換個可愛的女孩粉色系，原來的油漆色號也早已忘記，設計師在模型中一查就有，還提供了幾個色彩模擬與建議，除了有效率之外，還讓屋主滿心歡喜與感謝〕

此外，其實在每個作品完成後，如果屋主同意，設計師通常都會將作品進行展示或是提供給媒體進行廣告宣傳，也有些相當優秀的作品會送交到國內外進行設計比賽，因此能夠將設計作品詳細的記錄好，讓真正的圖說與模型同步進行修正，**仔細的將圖說搭配整個服務流程的設計與施工履歷提交給屋主，將會是一個絕佳的驗收完成步驟**，同時也可以因對上述的裝修變更的可能需求，是一個相當值得進行的工作內容。

05. 後續維護保養的資訊串接

建築物與空間如同一個居住的動態機器，如同汽車一樣是需要保養的，房屋會在時間的推移下，經歷居住者的各種運用，地震，使用痕跡等變化，**因此各個房屋內的資訊如果能夠在設計完成交付後就被仔細的保留，那麼在進行維護保養時就能夠相對簡易，也能夠讓屋主輕鬆的面對保養的流程**，舉例來說：〔屋主住了 3 年的臥踏沙發布料破掉了，屋主詢問設計師沙發布可不可以修理，設計師通常會回給客戶：（可以修理），但是布料號碼就要回去找專案文件資料，通常布料號碼都是藏在設計估價資訊內的（也很可能是內部資料，布料號沒有提供給屋主），設計公司在 3 年後的發展資料量累積的龐大資訊可能不容易找尋！〕

如果設計公司使用的模型與圖說是BIM的系統，那麼布料的資訊依然會詳細的被儲存在 "專案" 當中，只需要將模型打開就能查出當時的重要內容，透過資訊能夠完整儲存在專案的特性，並且可以自由輸出明細表的功能，客戶的後續維護與保養都能夠有效率的快速達成，**除了解決客戶當下的需求跟問題外，也優化了最重要的客戶感受，串聯出更多更棒的後續發展。**

互動性引導式溝通設計發展

不知道你有沒有這樣的經驗？

> " 為了招攬更大量的客戶，進行免費諮詢跟測量，耗費了好幾個工作天，甚至可能要熬夜才能完美提出的平面提案，跟屋主出圖討論後卻獲得「謝謝，我們再考慮考慮」，之後就聯絡不到客戶。 "

雖然相當希望我們的讀者並沒有接收過類似這樣的經驗，但可惜的是，在我們的課程學員中有超過87％都有這樣的經驗，然而，"客戶流量"確實是相當重要的，任何一個產業都需要擁有不斷更新的名單以支撐起各項環節，但是傳統的引流客戶方式已經在眾多競爭者中演變成免費丈量，免費提案等溝通模式，也**養成了屋主在選擇設計公司前並不瞭解溝通前導必備過程的重要性**；然而，大環境的發展是一個趨勢，且是一個相當不容易反轉的變化，因此，如何透過BIM的輔助幫助設計者優化設計溝通的模式，有其學習運用的必須性，以下我們提供三個操作主軸，介紹如何進行互動式引導溝通：

01. 高效率基地模型溝通

（以多元材料精確瞄準客戶群）

02. 聆聽的整合與發展引導提示

（提案的資訊整合與對照）

03. 引導式簽約

（支付訂金的基本互相尊重程序）

高效率基地模型進行溝通

客戶溝通的第一步，提交溝通的互信基礎勝過用方案美圖來說服客戶買單！

坊間還有多少設計師在免費提案，但設計師們可以把心自問成功率有多高？客戶來找設計師真的單純是為了設計方案？還是客戶更需要被瞭解他們想要解決什麼居住需求？例如單身？夫妻？養貓養狗？有孩子嗎？有要跟家人同住嗎？工作時間相同嗎？生活興趣類似嗎？以上這麼多的問題其實只是室內裝修的冰山一角；特別是如果設計案是建築專案，或是建築併室內設計改造的內容，那會有更多更豐富的資訊需要諮商以植入設計專案中，所以第一步建議，以高效率的基地模型建置模型（100坪以內的空間僅需耗時30分鐘左右）並進行前置溝通，透過可快速設定的"空間透視圖"進到Microsoft Onenote進行手繪搭配實際案例說明，準備好諮詢內容與客戶詳談，讓屋主詳細的將內心所期待的空間內容及生活質感提出，進行第一次的互信基礎溝通。

1 前言
2 應用觀念
3 軟體操作重點
4 資源整合應用
5 成果導航
6 願景

圖81：高效率基地模型進行溝通（快速完成前導工作）

聆聽的整合與發展引導提示
（提案的資訊整合與對照）

從圖中可以看出，**透過已經建置好的空間模型中可能快速的產出各區域的透視圖**，搭配快速手繪或是實際案例對照，可以在討論時強化設計發展的"**空間代入感**"，也能提高設計者在初期的工作效率，由於這個階段屬於提高互信基礎

的必備工作流程，雖然有些設計公司會提供免費諮詢或提案的服務，但對於部份已經有更加穩定客群的設計師，會在預約表單上邀請屋主提供更加詳細的資訊，並說明需要準備訂金或洽談諮商費，**此舉除了能夠優化設計公司的專案信心穩定性，也能夠讓屋主更加重視洽談的討論內容。**

從圖下可以看出，透過已經建置好的空間模型中可能快速的產出各區域的透視圖，搭配快

速手繪或是實際案例的對照，可以在討論時強化設計發展的"空間代入感"，也能提高設計者在初期的工作效率，由於第一個階段屬於提高互信基礎的工作流程，雖然有相當多設計公司會先免費諮詢或提案，但對於部份已經有更加穩定客群的設計師，會在預約表單上請屋主準備訂金或是洽談諮商費，**此舉能夠優化設計公司的工作穩定性，也能夠讓屋主更加重視洽談的討論內容。**

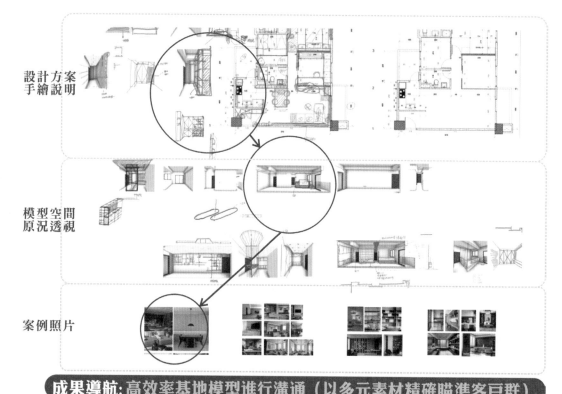

設計方案
手繪說明

模型空間
原況透視

案例照片

成果導航：高效率基地模型進行溝通（以多元素材精確瞄準客戶群）

圖82：以多元素材精確瞄準客戶群

然而，在Ai鋪天蓋地的到來後，還有許多方式可以應用到初部設計溝通的層面上，目前較為受到大家關注的有InteriorAI，RoomGPT這兩款可以快速使用照片生成新風格的網站，**不過由於客戶都已經尋得設計公司並聘設計師進行規劃，**

再使用通用AI生成設計就顯得設計者專業度大幅度下降，因此，我們推薦在Revit中有直接應用的AI外掛，（Evolvelab-Veras），以設計初期的基本格局直接請ChatGPT協助生成Ai所需要的提詞（Prompt），並且輸入生成設計者期待的風格或是設計內容，每次都可以直接生成 5 個方案（不到50秒），透過這樣的方式協助設計者，不但可以再優化輔助上述的手繪與實際案例，還可以持續性的輔助後續空間對照內容。

1 前言

2 應用觀念

3 軟體操作重點

4 資源整合應用

5 成果導航

6 願景

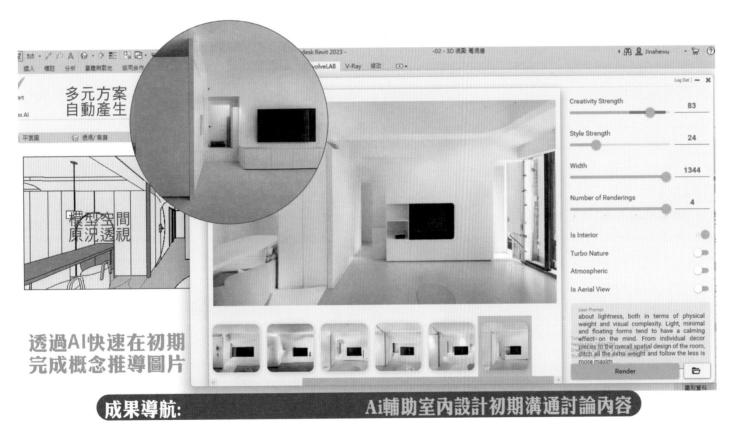

圖83：Ai輔助室內設計初期溝通討論內容

不止是室內設計，在建築設計也是相當方便，可以快速有效率的提供各種可能的方案內容，特別是如果在Revit已經將基本的圖說運作完成後，再放進去到**Midjourney（可快速生成圖片的AI）**進行訓練跟導出，或是進到**Stable** **diffusion（開源AI）**中進行基礎後製修圖訓練，那效果可能會更有強度（但必須特別說明，後製的訓練與導出圖說所需耗費的時間其實並不亞於操作設計的時間，而且還無法回饋3D實體模型至軟體中）；因此，我們以最簡潔有力的回饋機制來看，**透過Revit的外掛進行快速操作以提供方案有著相當大幅度的引導作用，除了讓設計者能夠有更多風格或是造型變化的多元參考內容**，也可以提供給屋主在初始討論階段更豐富的方案建議與選擇。

複合方案快速產出

模型線稿
初始透視

原圖

10s 轉換快速出圖

成果導航：　　　　　Ai輔助建築設計初期溝通討論內容

圖84：Ai輔助建築設計初期溝通討論內容

效率化建置專屬資料架構

這樣的經驗、會是你曾聽過或遇過的嗎?

〔好不容易完成設計圖跟**3D模擬圖**,然後客戶在逛了個建材展後發現客廳還有更想要搭配的材料,跟設計師拜託修改後,再請設計師"順便"提供一下模擬圖,然而工期時限依然不變,無奈之下,只好加班趕工〕

改圖其實是人之常情,就算是設計者也都會在設計過程中持續的修正各種細節跟內容,**因此將"改圖"視為優化設計的履歷記錄會是更加值得運作的觀念**,在BIM-Revit中,改圖應該是一個有效率且連動的發展,當平面圖更新後,3D圖說與各種剖面或立面圖說也都會一併修正,材料更新後,相關細節與表單內容與說明也會自動

跟進調整到最新版本;因此,**設計者在改圖的過程中會更像是在優化設計的各個步驟**,除了可以讓設計者盡情的發揮之外,也讓設計成果更加趨向於屋主所期待的發展,同時也可以優化設計公司的資料架構,以下我們來對照一下傳統設計與BIM設計流程的差異點。

1 前言

2 應用觀念

3 軟體操作重點

4 資源整合應用

5 成果導航

6 願景

設計階段A　　　設計階段B　　　設計階段C　　　設計履歷

成果導航:　　　**改圖可以視為設計師自我優化的記錄**

圖85:改圖可以視為設計師自我優化的記錄

引導式簽約
（支付訂金的基本互相尊重程序）

每間建築師事務所或是設計公司在簽約前期都有一套專屬程序，但是我們可以依據是否"先收費再進行討論或測量"分出一個重要的分水嶺，舉例來說：找尋律師進行洽談時，律師會先收"諮詢費"並"預約"再進行討論，若是委任將可以折抵工作費用；**先付費再進行諮詢的階段，會進入一個明確的篩選客戶機制，而未付費**就可進行諮詢者，會需要由公司端進行有效果的預先討論以篩選客戶

然而，是否預先付訂金或是諮詢費與簽約尚有許多環節需要注意：

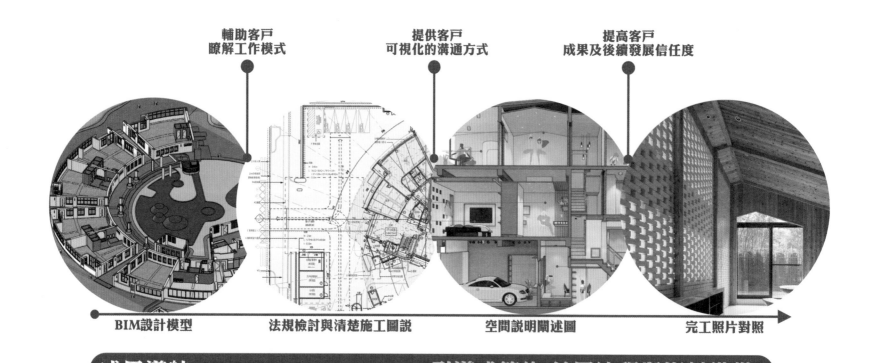

輔助客戶瞭解工作模式 — BIM設計模型

提供客戶可視化的溝通方式 — 法規檢討與清楚施工圖說

提高客戶成果及後續發展信任度 — 空間說明闡述圖　完工照片對照

成果導航： 引導式簽約(前置流程與資料準備)

圖86：引導式簽約(前置流程與資料準備)

建築設計：

建築設計簽涉到土地、規模、法規、建築物類型、機能、使用者、需求等相當多內容要注意，單憑幾次的討論很不容易確認是否適合，但從設計工作者的角度來看，若是幾次準備的圖與模型或是討論的時間都是空談，將會是一段相當耗損公司人力成本的工作內容，因此訂定出一個能夠提高效率提案並且有相當成果與流程的程序給客戶瞭解（**提出完整的設計發展流程，透過建築設計模型說明各階段的重點內容，有效的對照完工成果與設計發展過程**）將會是一個很有效引導簽約後再進行專屬設計的發展！

室內設計：

室內設計的多數範疇都在住宅設計（有關公共空間與需要進行消防檢測等的室內設計多數需要更多專業技師的簽署，這邊我們先暫時忽略並將住宅的室內設計作為主要討論點），屋主較容易從生活體驗中提出某種設計風格與設計者進行討論，也因此設計者在已經訂定好住宅空間內的重要基礎下（廚房與衛浴空間已經確認），更加有機會提出設計方案進行溝通，不過由於室內空間的成果會需要更加清晰的將各種使用需要置入，因此會建議設計者透過已經完成的專案與溝通內容提供給屋主瞭解（**例如完工的BIM設計模型，設計發展履歷圖說，溝通與修正記錄，施工修改與模型對應記錄等**），讓設計不只是提出設計專案的內容，還能提出設計團隊的優化流程與工作途徑，讓屋主更加有信心的交付設計與簽約訂定好後續發展過程。

綜觀以上引導式簽約的內容，可以更加瞭解到BIM-REVIT能夠輔助設計者在建立設計發展的各種流程中的輔助，**若能夠將資訊化導向的設計流程詳細的整合成一段引導式說明**，將可以套用在不同的業主身上，協助設計者與業主進行有效的前置溝通，並且提前簽約以訂定好設計發展的優化步驟。

1 前言

2 應用觀念

3 軟體操作重點

4 資源整合應用

5 成果導航

6 願景

01. 傳統設計流程：

　　與客戶溝通的設計圖會更加著重於**空間模擬圖**等內容，對於客戶來說改變材料或是尺寸會是一個需求點（**僅需一句話就可以改變**），但是設計師要交付給施工團隊的圖説則必須要有材料，尺寸，五金，大樣細部圖等重要資訊，**在"改變材料"到各張圖説的過程中，要解決的圖説與模型需要分好幾個軟體，檢查所有相關的數張圖説才能確保從頭到尾都一致（需要很多步驟才可以改變）**

02. BIM操作流程：

　　與客戶溝通的圖説通常會分階段進行（基本設計與細部設計圖）／與簡報圖 (客戶示意圖)及／施工圖(發包圖))，由於BIM-Revit的自動化特性，材料資訊會儲存在公司雲端資料庫當中，而圖説與模型是在同一個軟體當中，**因此改變設計模型與材料後，所有圖説與材料等説明都會一併調整，僅需快速排版圖説以提供更能因應在不同階段的討論與溝通之中就可以獲得設計師所需要的內容。**

　　在BIM的系統中，資訊架構是首要的核心內容，**"它不僅僅是建模工具"**這件事相當重要，瞭解如何運用BIM所蘊涵的豐富資料庫，並且在設計當下將資料庫與設計資訊整合，將可以完全無懼變更設計時所帶來的變動。

成果導航：　**快速選好早就在材料庫中的板材，一鍵更換**

圖87：快速選好早就在材料庫中的板材，一鍵更換

承上，由於圖說是分階段進行的，因此要提交給客戶的簡報圖說都已經排版完成，雖然設計過程可能會歷經相當長的時間，但是**因為已經有怎麼調整也不擔心的基本樣版（如下圖），所以**

版本可以無數多，由於設計內容都是持續優化的過程，並不會有出圖的調整障礙或是因為內容變化而導致架構被破壞的狀態。

1 前言

2 應用觀念

3 軟體操作重點

4 資源整合應用

5 成果導航

6 願景

設計做了兩年兩個月，無數次調整也不擔憂

成果導航： 84個版本，每次都能夠超輕鬆一鍵出圖

圖88：每次都能夠超輕鬆一鍵出圖

因為設計階段就已經有完整的圖說與架構，因此在不同時期的設計成果都可以被完整保留，在尚未進入到施工圖階段前，設計是持續在發展與演變的，提交給業主的簡報圖說中的版面都是固定的，所以**設計發展的過程都可以詳細被記錄下來**，由於每一次的簡報都是基於同樣的基礎，用更好的效率去執行設計內容，就能夠將更多時間應用在細節中！

綜合上述各個重點，整理出三個主軸供讀者參考：

1. 對應設計與改圖流程優化運作的資料庫建立

2. 設計與改圖與資訊（尺寸、顏色等）跟客戶的互動性溝通

3. 改圖與資料庫建置是一個自然的優化經歷

透過這三個主軸，將可以讓資料庫越來越順暢的組建起來，對應著真實的專案之外，也讓設計者與屋主同步往更棒的發展持續邁進。

圖89：邊設計邊排版，邊出圖邊討論

軟體輔助設計並有效對應施工圖說

其實施工圖連我們自己也是耗時耗力！，這階段其實考驗的都是心力與耐力

「提案好不容易過關了！但接下來的施工圖跟估價單耗時又費力，公司如果一忙碌，可能連施工圖都要外包給其它公司幫忙進行，然後回來看還是有誤，繼續無奈的進入迴圈式的修正！」

給客戶看的"模擬圖"可以用"大概"的帶過，但是"施工圖"就需要以相當仔細的尺寸與材料寫清楚講明白，估價單更是需要好好的將內容與圖號等內容在備註中對應，而且還要注意可能在繪製施工圖期間甚至是繪製完成後客戶提出要改圖的可能性；也因此，我們特別要強調設計者如何透過完整架構來讓軟體輔助設計者的流程，以下就讓我們來帶著大家瞭解施工圖說的重要觀念與操作模式：

施工圖說的連動性與複雜性

一份施工圖說少則數十張，多則數百張，誠如效率化建置專屬資料庫所提及的**圖說會分階段進行**（初始討論階段，設計發展階段，施工圖階段），然而，施工圖是落實設計到實際狀況的重要前導內容，如果能夠好好的運用**在初期階段圖說的內容再稍加優化後成為施工圖**，那肯定能夠讓繪圖流程更加順暢且易於調整。

施工圖是落實設計到實際狀況的重要前導內容

成果導航：(室內設計專案：TYarchistudio) **一份施工圖說少則數十張，多則數百張**

圖90：一份施工圖說少則數十張，多則數百張

1 前言
2 應用觀念
3 軟體操作重點
4 資源整合應用
5 成果導航
6 願景

繪製施工圖是最後才操作嗎？

傳統上的設計流程會更趨向於**"說服客戶"**，所以工作的力道會更著重在前端的設計服務，讓設計服務初期更趨近於畫出**"可以說服客戶的模擬圖"**的方向，然而每個設計專案所能投入的人力與時間都是有所調配的（**可參考互動性引導式溝通設計發展，P108**）Ai輔助室內設計初期溝通討論內容，已提出對應方針），也因此到了施工圖階段，往往都會需要更多的時間去**決策在設計前期未能完整確認的細節與內容**（例如木皮色號，油漆塗料色號，燈具型號等內容），設計者在這個階段屬於整理及歸納階段，並非創造及設計階段，因此都會更加勞心勞力！

在我們課程的反覆詢問與問卷調查的整理下，瞭解到繪製施工圖一般所需要的時間都落在7-14個工作天（**而且這段時間能夠同時執行的工作不能過度重疊，這些時間點中若是繪圖者有要事離開崗位，或是身體不適或私事請假，其他同事還不能接應著進行**），從附圖可以看出，一張施工圖說就包括了8張圖的組合，而這還僅僅只是一個展示櫃所需要呈現的圖說，其中包括了平立剖面圖及大樣圖，也包括了3D等角剖面透視圖，重要的是，不論有什麼微小變動，就算只是材料的變更，所有的圖說都會自動調整。

在傳統的工作流程下，每張圖都必須要繪圖者親自執行各項圖說的線稿以及材料名稱與尺寸標示等內容，而且每張圖都是獨立存在的內容，

也因此在修改時，若能搭配BIM-REVIT的系統化架構，將可以自動化變更，還能與整個專案串聯進行調整！

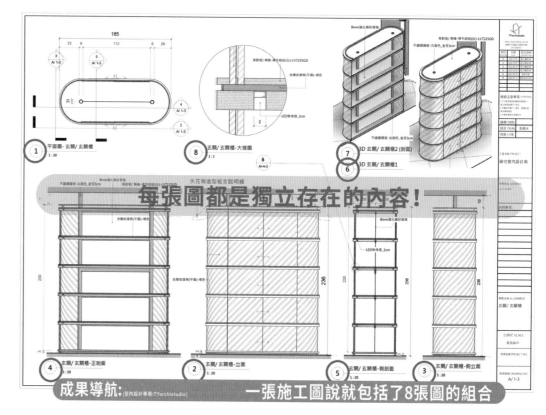

圖91：一張施工圖說就包括了8張圖的組合

由於施工圖説是在"已經確認設計的最後階段"才進行整合，因此與設計階段的圖説會有所不同，由於閱讀對象的不同，所需要提供的資訊也不盡相同，從下圖可以看到簡報圖與施工圖的差異。

簡報圖：提供給屋主材料選擇與確認重要內容（讓屋主確認動線，距離等內容），讓屋主能夠透過圖的內容判斷設計是否符合需求，顏色與樣式是否符合想像，以讓屋主瞭解未來怎麼使用空間的設備或內容為主。

施工圖：提供給廠商確認施工細節，各種組裝的構造型式跟材料型號等內容，讓廠商易於估價與確認在施工現場能夠輔助瞭解並順利施作為主要目標。

1 前言
2 應用觀念
3 軟體操作重點
4 資源整合應用
5 成果導航
6 願景

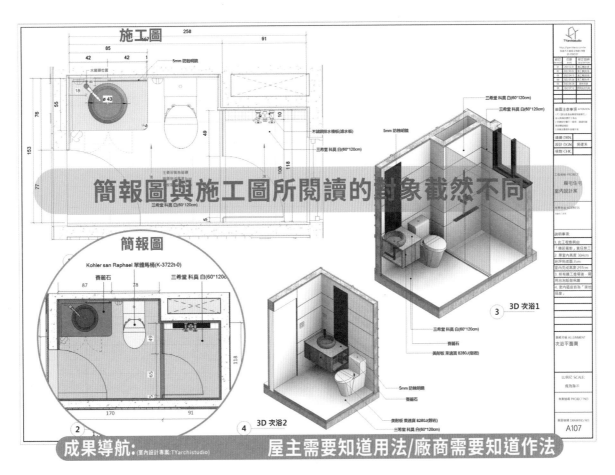

圖92：屋主需要知道用法／廠商需要知道作法

此外，施工圖的內容可能需要與真實產品搭配說明，並且確認真實產品的細節與尺寸，因此在提交給施工廠商的圖說中，更需要詳細的將各種需要討論與確認的資訊置入

如下圖所示，除了讓圖說的內容詳盡之外，還可以加入業主自備的零件，讓廠商在施工前有更精確的資訊以確保施工準確（**當然設計者若能自行將產品建模加入會更加準確，不過目前也已經有相當多廠商開始自行建製元件提供給設計者直接套用，詳BIMobject**）

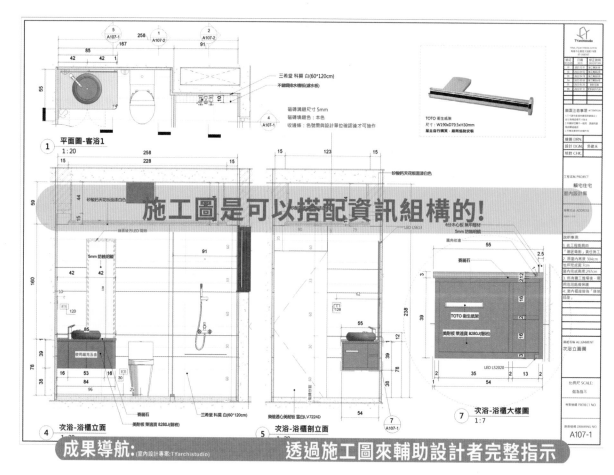

圖93：透過施工圖來輔助設計者完整指示

施工過程還要改圖？完全不用怕，因為圖已經連動排版完成

由於圖說是連續自動化流程，因此透過預先的排版（可先不標尺寸與材料），就能夠快速讓設計者有效率的歸納出在工地要交代給施工廠商的圖說基礎，**在版面已經確認後，再進行尺寸標註（分類標示）以及材料標示（自動拉出資料）。**

1 前言

2 應用觀念

3 軟體操作重點

4 資源整合應用

5 成果導航

6 願景

因為有預先排版，施工圖基本上已經排好！

成果導航: (室內設計專案:TYarchistudio) 施工圖其實只剩下標尺寸跟自動"標出"材料

圖94：施工圖其實只剩下標尺寸跟自動標出材料

在這個階段，屋主其實還是有相當高的機率尚未決定好希望使用的材料，而因為BIM資料庫的自動化組合，**完全不需要擔心材料的更新造成施工圖的重複標註**（可參考圖95）快速選好早就在材料庫中的材料，一鍵更換），而就算有更改材料，圖說內容也會自動全部更新（**唯一需要去確認的內容只有文字是否過長或過短，需要重新排版**），施工圖說的更新可謂為一鍵更新，快速且準確！

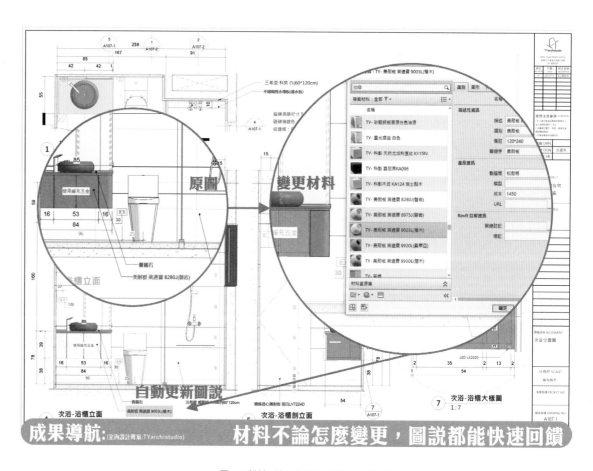

圖95：材料不論怎麼變更，圖說都能快速回饋

圖說內容及估價清單的詳細自動化清單

1 前言

2 應用觀念

3 軟體操作重點

4 資源整合應用

5 成果導航

6 願景

資訊都在模型內，一找就有，重複還會提醒你！

主浴次浴/ 櫥櫃明細表					
類型備註	描述	寬度	高度	深度	台尺(寬度)
主浴次浴/ 主浴洗手台櫃	發泡板/(南亞)18mm發泡板＋美耐板/ AICA-石材(白) AS-1403BKM	162	192	61	5.4
主浴次浴/ 次浴洗手台櫃	發泡板/(南亞)18mm發泡板＋美耐板/萊適實 9007L (樟木)	61	39	36	2.04

主浴/磁磚-牆面 明細表			主浴/磁磚-樓板 明細表			
描述	面積(10%)	磁磚塊數(整磚)	類型標記	描述	面積(10%)	磁磚塊數
牆面磁磚/轉角處以不銹鋼絲 紋收邊	37.35	224			76.77	426
牆面磁磚/密縫收邊	0.05	2	磁磚/ 清水模-BUNKER_10+1 cm_30*60cm	9cm軟底/降板排 水磁磚厚度(轉90 度舖設)	2.56	14
	6.06	35	磁磚/ 清水模-BUNKER_10+1 cm_30*60cm	9cm軟底/降板排 水磁磚厚度	0.40	2
總計: 19	43.47	261	磁磚/ 清水模-BUNKER_10+1 cm_30*60cm	10cm軟底/加高磁 磚厚度	5.99	33
					12.66	70
			總計: 5			547

④ 透視-主浴

牆面與地板磁磚務必對線（溝縫2mm）

255   90

主浴洗手台

162   93

167

清水模 樟實Grafito (深灰) 30*60cm

清水模 樟實Grafito (深灰) 30*60cm

成果導航：(室內設計專案:TYarchistudio)　　**讓軟體自動檢查資訊與估價內容**

圖96：讓軟體自動檢查資訊與估價內容

精確的圖說及有效率的自動化清單

　　估價往往都需要長時間來學習背景知識，因為數量及面積，材料類別，材料名稱，單位，計價尺寸等內容都需要實務經驗累積才能有效應用，由於BIM-REVIT的資訊都會存在專案之中，也可以連動到公司的資料庫（私人雲端），因此**當設計者需要什麼材料等相關資訊，搜尋就會有**，在建模的時候如果重複還會提醒設計者，這等同於軟體是可以自動檢查資訊及估價內容的，只要設計者有效運用架構的去操作設計，自然就能更加放心發展，同時更加能確保資訊是被有效控管的。

自然的建置完整資訊
並有效控管材料類型

BIM-REVIT的設計建置過程中，相當需要設計者有邏輯且具架構的操作，不同於過往的繪圖模式是在最後才將資訊輸入（傳統上畫圖與建模是分開進行的，施工說明與標註會在後端才處理），**BIM-REVIT可以使用一個簡單的邏輯自然的建置出專屬資料庫**，例如要使用某種磁磚，那麼繪圖者就可以透過牆體繪製將基本資訊鍵入，

爾後就能以"**複製貼上**"的模式進行相同類型材料的資料庫，**千萬不要想著先建立完所有的資料庫才要開始設計**（材料資訊與材料圖片等如果是由材料廠商提供，就會更加方便與順暢），讓同類型的材料能夠建完第一個，下一個就會輕鬆的在30秒內完成！

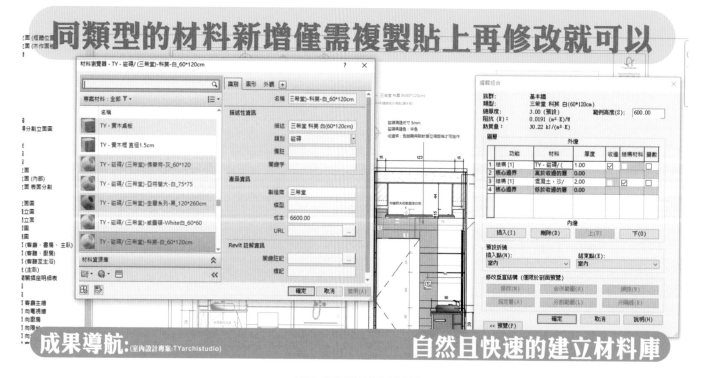

圖97：自然且快速的建立材料庫

可客制化調整的估價內容
(插座數量／坪數／磁磚塊數)

1 前言

2 應用觀念

3 軟體操作重點

4 資源整合應用

5 成果導航

6 願景

〔就如同許多人的電腦桌面一樣（相當多資料暫存在桌面，連命名都沒有），也因此軟體就完全無法瞭解設計者所需要的分類（沒有族群與類型的分類就無法進行自動化處理），我們可以將這樣的模式類比於手機撥入市話的區碼，若是區碼輸入不正確，就算電話號碼正確依然是無法撥出到正確的對象〕

BIM-REVIT在估價應用的內容相當多元，在物件導向（Object-oriented programming）的基本運作下可以相當有效率的將各種 資訊進行自動化整合跟計算，但是很多人在操作這個系統時往往都不容易得到自己希望的計算成果，在筆者與課程學員多次交流討論下發現，繪圖或是建模者**往往都不願意在物件的命名及分類中紮實的用心處理。**

以下範例可以看到"開關插座表"的內容，將圖說以專屬的顯示重點呈現，並且清楚表現開關插座，並結合明細表的整合呈現；此外，**每個物件的"描述"也具有相同的命名方式，因此軟體就能依據"名稱"進行分類，**並計算出數量與成本的統合。

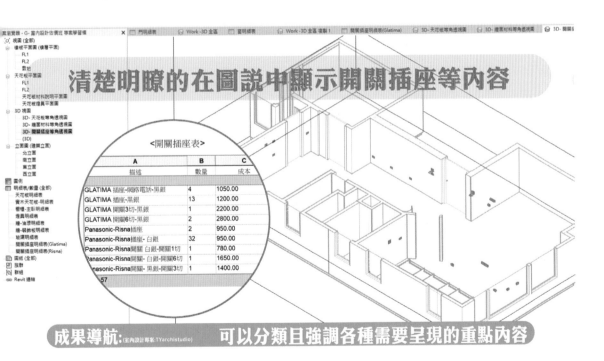

圖98：可以分類且強調各種希望呈現的重點內容

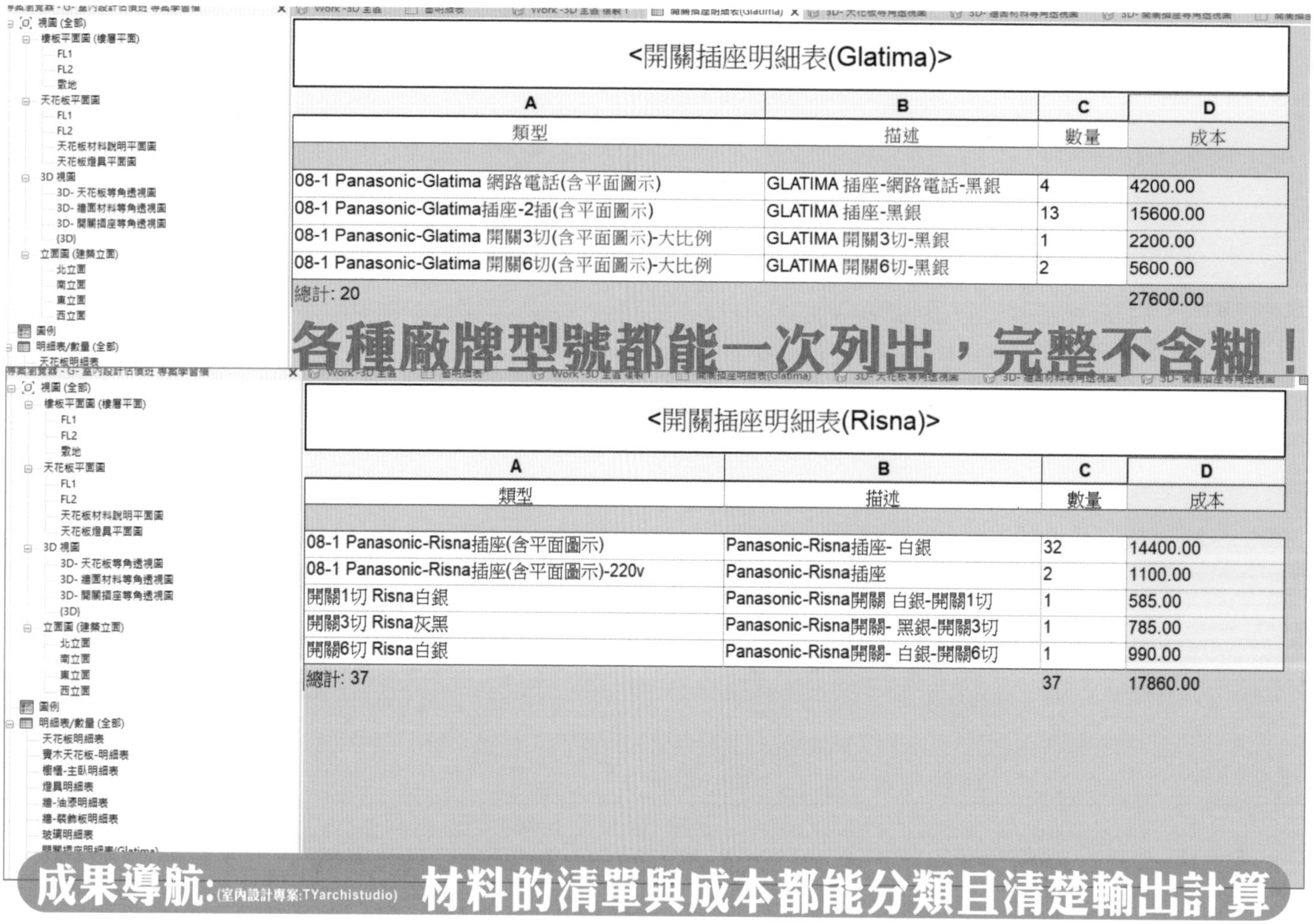

視圖 (全部)
- 樓板平面圖 (樓層平面)
  - FL1
  - FL2
  - 基地
- 天花板平面圖
  - FL1
  - FL2
  - 天花板材料說明平面圖
  - 天花板燈具平面圖
- 3D 視圖
  - 3D- 天花板等角透視圖
  - 3D- 牆面材料等角透視圖
  - 3D- 開關插座等角透視圖
  - (3D)
- 立面圖 (建築立面)
  - 北立面
  - 南立面
  - 東立面
  - 西立面
- 圖例
- 明細表/數量 (全部)
  - 天花板明細表

<開關插座明細表(Glatima)>

A	B	C	D
類型	描述	數量	成本
08-1 Panasonic-Glatima 網路電話(含平面圖示)	GLATIMA 插座-網路電話-黑銀	4	4200.00
08-1 Panasonic-Glatima插座-2插(含平面圖示)	GLATIMA 插座-黑銀	13	15600.00
08-1 Panasonic-Glatima 開關3切(含平面圖示)-大比例	GLATIMA 開關3切-黑銀	1	2200.00
08-1 Panasonic-Glatima 開關6切(含平面圖示)-大比例	GLATIMA 開關6切-黑銀	2	5600.00
總計: 20			27600.00

各種廠牌型號都能一次列出，完整不含糊！

視圖 (全部)
- 樓板平面圖 (樓層平面)
  - FL1
  - FL2
  - 基地
- 天花板平面圖
  - FL1
  - FL2
  - 天花板材料說明平面圖
  - 天花板燈具平面圖
- 3D 視圖
  - 3D- 天花板等角透視圖
  - 3D- 牆面材料等角透視圖
  - 3D- 開關插座等角透視圖
  - (3D)
- 立面圖 (建築立面)
  - 北立面
  - 南立面
  - 東立面
  - 西立面
- 圖例
- 明細表/數量 (全部)
  - 天花板明細表
  - 實木天花板-明細表
  - 櫥櫃-主臥明細表
  - 燈具明細表
  - 牆-油漆明細表
  - 牆-裝飾板明細表
  - 玻璃明細表
  - 開關插座明細表(Glatima)

<開關插座明細表(Risna)>

A	B	C	D
類型	描述	數量	成本
08-1 Panasonic-Risna插座(含平面圖示)	Panasonic-Risna插座- 白銀	32	14400.00
08-1 Panasonic-Risna插座(含平面圖示)-220v	Panasonic-Risna插座	2	1100.00
開關1切 Risna白銀	Panasonic-Risna開關 白銀-開關1切	1	585.00
開關3切 Risna灰黑	Panasonic-Risna開關- 黑銀-開關3切	1	785.00
開關6切 Risna白銀	Panasonic-Risna開關- 白銀-開關6切	1	990.00
總計: 37		37	17860.00

成果導航:(室內設計專案:TYarchistudio) **材料的清單與成本都能分類且清楚輸出計算**

圖99：材料的清單與成本都能分類且清楚輸出計算

然而，在估價當中需要有更多相對應的單位與計價方式，例如在台灣最常見的計算單位就是"坪數"，只要與地板面積相互關聯的單位經常會使用，然而區域性單位與國際性單位不相同，因此我們必須要在單位中"將公式換算"

從平方公尺轉換為坪數，我們以SPC卡扣地板明細表作為範例，圖中可以看到坪數＋10%（作為緩衝備用料），就是以面積乘以0.3025（坪=M2*0.3025）再乘以1.1的成果，便能得到在此明細表需要提交給廠商的精準面積內容。

1 前言

2 應用觀念

3 軟體操作重點

4 資源整合應用

5 成果導航

6 願景

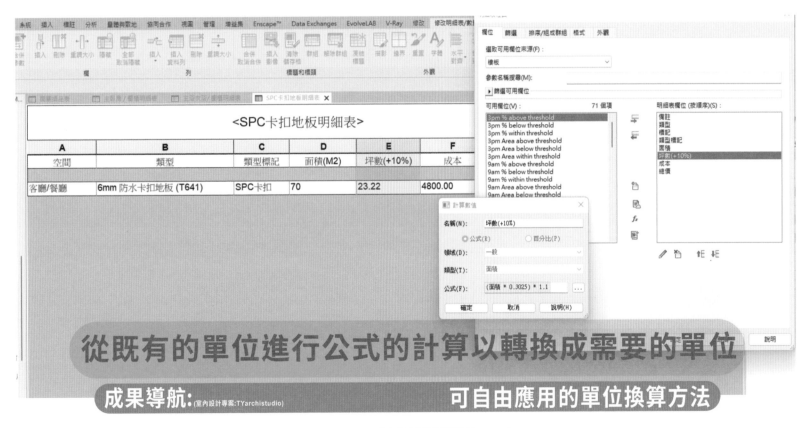

圖100：可自由應用的單位換算方法

除了面積的轉換，**計算費用的單位也相當重要**，例如單價較高或是較特別的磁磚都會以塊數計價（當然也是必須先有一定的數量才能購買），而這時若是設計者能夠在軟體中就自動**將磁磚塊數**計算出來，而且還要用"整磚"的方式去計算，這樣才能讓估價更貼近真實面，也讓施工者在瞭解施工前置作業更加順暢的對應處理。

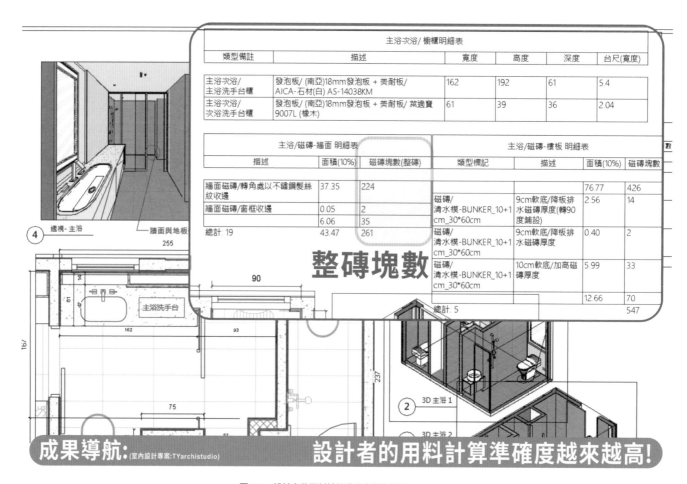

主浴次浴/ 櫥櫃明細表						
類型備註	描述		寬度	高度	深度	台尺(寬度)
主浴次浴/ 主浴洗手台櫃	發泡板/ (南亞)18mm發泡板 + 美耐板/ AICA-石材(白) AS-14038KM		162	192	61	5.4
主浴次浴/ 次浴洗手台櫃	發泡板/ (南亞)18mm發泡板 + 美耐板/ 萊適寶 9007L (橡木)		61	39	36	2.04

主浴/磁磚-牆面 明細表				主浴/磁磚-樓板 明細表			
描述	面積(10%)	磁磚塊數(整磚)	類型標記	描述	面積(10%)	磁磚塊數
牆面磁磚/轉角處以不鏽鋼髮絲紋收邊	37.35	224			76.77	426
牆面磁磚/窗框收邊	0.05	2	磁磚/ 清水模-BUNKER_10+1cm_30*60cm	9cm軟底/降板排水磁磚厚度(轉90度鋪設)	2.56	14
	6.06	35	磁磚/ 清水模-BUNKER_10+1cm_30*60cm	9cm軟底/降板排水磁磚厚度	0.40	2
總計: 19	43.47	261	磁磚/ 清水模-BUNKER_10+1cm_30*60cm	10cm軟底/加高磁磚厚度	5.99	33
					12.66	70
			總計: 5			547

整磚塊數

④ 透視-主浴

牆面與地板

255

90

75

162   93

主浴洗手台

237

② 3D 主浴 1

3D 主浴 2

成果導航： (室內設計專案:TYarchistudio)

設計者的用料計算準確度越來越高！

圖101：設計者的用料計算準確度越來越高！

明細表可直接輸出至 EXCEL 編輯

在REVIT中編輯統整完成後，便可以將表格內容直接匯出EXCEL，進行後續整理與運用，**特別是在匯出的檔案命名若有詳細的序列與日期的**備註，未來若是有所變更就可以快速更新，以達到連續修正的目標。

1 前言

2 應用觀念

3 軟體操作重點

4 資源整合應用

5 成果導航

6 願景

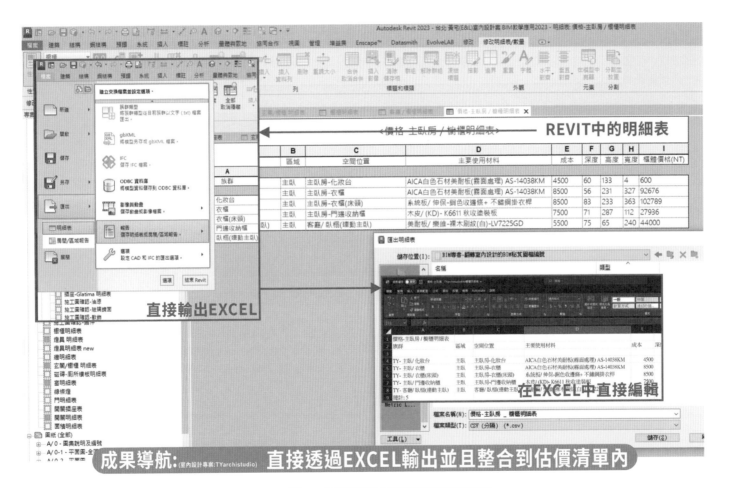

圖102：直接透過EXCEL輸出並且整合到估價清單內

持續再利用的整合式專案模型

不論在觀看這本書的讀者位於建設產業中的哪一個崗位，相信都會瞭解整合工作的重要性，舉一個我們在美國東部室內設計課程學員的案例來說，她提及在美國都是用BIM-REVIT系統，也因此她在室內設計端會直接拿到REVIT模型（REVIT在美國已經是多數事務所的必備基本軟體之一），**她將REVIT檔轉到其它軟體再進行二次加工操作後，然後再交給原來委託她執行室內設計的事務所，重新再轉回REVIT中進行討論，在還沒有來上課前，實際操作有相當多錯誤跟無法對照的問題（這個過程真的是太折騰！）不但模型會破面，資訊也對不起來，實**在不順暢到極致；因此更加建議讀者讓每個專案都能順暢的接軌，就算是要轉出再轉入，也務必透過完善的外掛（P68：豐富資源及外掛的多元應用）進行。

何不從建築就整合到室內設計？
每個設計跟實際空間都是環環相扣的
何不在每個環境都將它緊密串在一起

成果導航：(建築設計專案:TYarchitects)　從建築整合到室內設計的持續發展內容

圖103：從建築整合到室內設計的持續發展內容

運用"設計階段"清楚分類模型以再利用

在BIM-REVIT中有專案階段的設定方式,階段與篩選的模式可以幫助使用者明確的將需要的內容在不同的階段中篩選出來,並且明確選擇自己希望拿來應用的設計物件,從圖中可以看到這個建築併室內設計的專案分別擁有5個階段,分別為01現有~05室設軟裝,在不同的階段可以表現不同的內容,但是卻都在同一個專案模型(類似圖層的觀念,但是這個是有時間軸的),如此一來,設計者就能在不同的階段放入需要表現的模型,並且在需要應用時也能快速篩選出需要表現的內容。

1 前言

2 應用觀念

3 軟體操作重點

4 資源整合應用

5 成果導航

6 願景

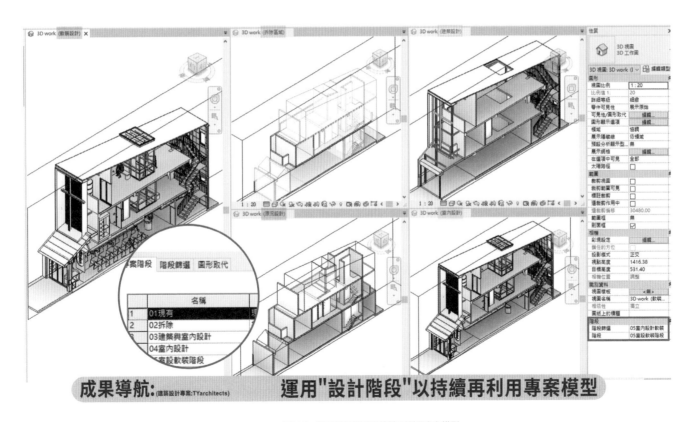

成果導航:(建築設計專案:TYarchitects) **運用"設計階段"以持續再利用專案模型**

圖104:運用設計階段以持續再利用專案模型

專案設計的獨特資訊可清楚被記載並傳遞到不同專案

很多人都以為專案完成後就無法再使用已經完成的專案模型，在這個案例中我們介紹"從專案中萃取出來的櫃體模型"，傳統的設計櫃體被抓取出來後**僅能當作幾何資訊操作（僅有外型或顏色）**，但是在BIM-REVIT中的模型會包含豐富資訊，如圖所示的**族群／區域／空間位置／主要使用材料／台尺／成本等內容**，並且具有可以有清楚分類的編輯權限，這些獨特資訊能夠被延用到未來可再運用的專案中。

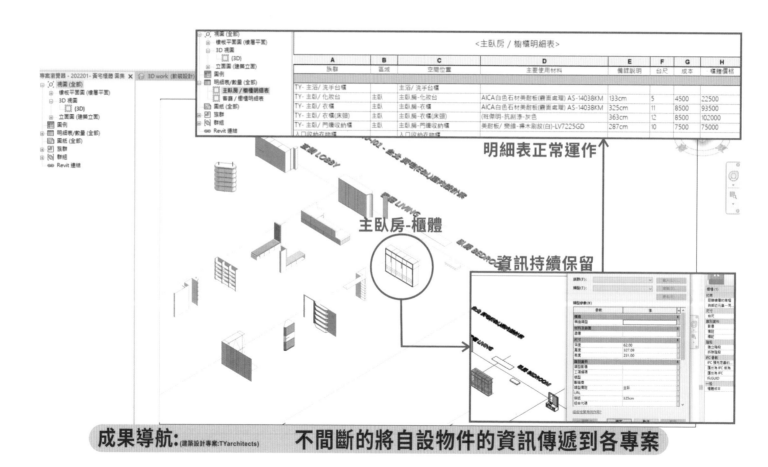

成果導航：(建築設計專案:TYarchitects) 不間斷的將自設物件的資訊傳遞到各專案

圖105：不間斷的將自設物件的資訊傳遞到各專案

樣版的對應以獲得每一個最新專案的優化與速度提升

"樣版"

是許多人對於BIM-REVIT的一個誤區認知，相當多人覺得使用樣版就可以快速出圖，這樣認知雖然也是正確，但在設定樣版前，設計者必須要清楚定義出圖內容會提供給什麼對象，如同我們第5章提及（P121）不同階段的圖說會有不同的需求，如圖是建築執照要申請建照

前所繪製的剖面圖，在切出剖面後直接套用樣版，樣版就會協助設計者進行以下幾個重要工作，**包括：顯示柱線，調整比例尺，隱藏雜線，顯示地型樣式，優化剖面切割樣式等重要內容**，讓設計者能夠在確認內容後再稍微進行加工後即可出圖。

1 前言

2 應用觀念

3 軟體操作重點

4 資源整合應用

5 成果導航

6 願景

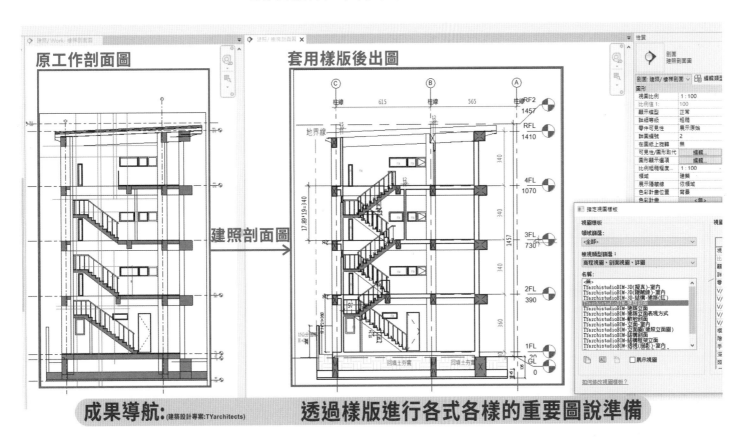

成果導航:(建築設計專案:TYarchitects) **透過樣版進行各式各樣的重要圖說準備**

圖106：透過樣版進行各式各樣的重要圖說準備

平面圖

同樣也可以透過樣版應用表現法，例如下圖具色彩與表面紋路的平面圖，可以透過樣版的套用來轉換成具備強調隔間結構與純粹單色系的平面圖，在這個樣版中**可以看到牆體與柱體的單色**系變化，家具紋路的半透明淡化效果，線條處理的變化效果等內容，讓設計者能夠快速的應用到各張需要單色系表現法的圖說，方便快速又能讓未來專案套用已經完成的系統效益。

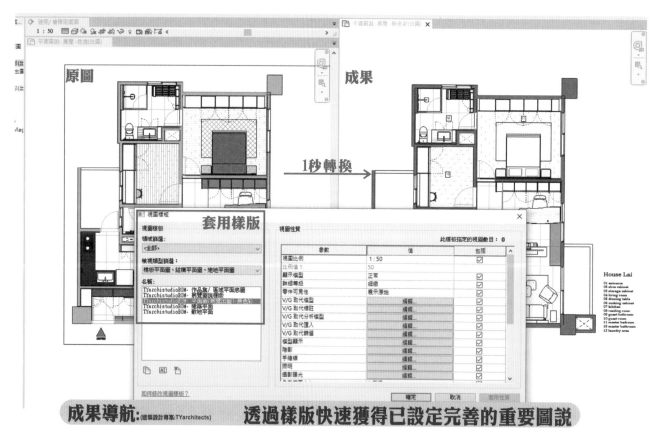

圖107：透過樣版快速獲得已設定完善的重要圖說

在設計者自行累積的資料庫中，有一項內容是每個公司都會必備的**"材料庫"**，材料庫會**因為公司的設計類型與設計喜好有相當明顯的變動與取向**，也因此類型與命名方式會有所不同，但是**材料庫的命名是可以直接用到軟體內的**，如同圖片所見，**真實的廠商分類，材料品牌的分類，材料圖說的尺寸，真實應用的說明**等內容都是可以不斷累積以因應更多豐富專案的高效益資料庫。

綜合上述所可以不斷再利用的內容，只要將系統化的觀念創建好，就能夠透過相當簡易的方式讓複雜的事物高效率完成，每新增一個類似型態的設計案，就能夠越做越順暢，越做越有效率，完美提升設計者的工作流程。

1 前言

2 應用觀念

3 軟體操作重點

4 資源整合應用

5 成果導航

6 願景

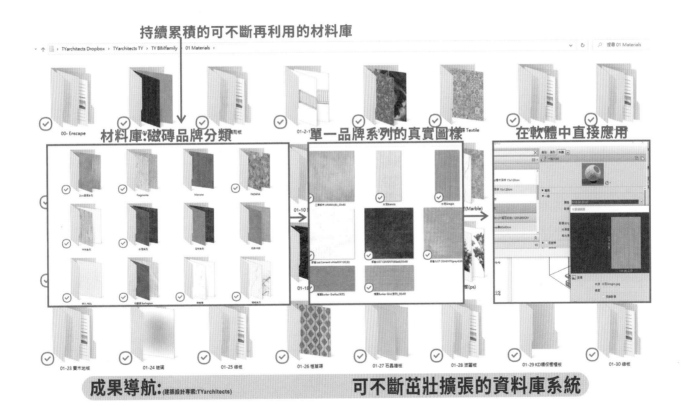

圖108：可不斷茁壯擴張的資料庫系統

6 vision

陸願景

CH 6 願景

BIM（建築資訊塑模）作為一個時代的趨勢應用流程，在談及其願景時必然提及兩個關鍵字：

ESG & AI

ESG

透過可持續經營的理念及流程串接起各種社會運作的基礎，並且能夠與企業永續串聯

Ai

在目前瞬息萬變的發展（每天一小更新，每周一大更新），影響了生活方方面面的未來性

以上兩個主軸將會對BIM設計者產生截然不同的影響，主要有三個面向：

(1) BIM應用於建築與空間將成為最基礎的內容：

將會有越來越多人在進行設計或是繪圖直接從BIM系統開始，或是在不同的軟體快速製作後導入BIM，主要是因為**BIM系統所涵蓋的資訊架構能夠快速與各種發展接軌**，無需再人工輸入與輸出。

(2) BIM的建模與繪圖將會越來越簡單：

原本就搭配著參數化設計(Parametric design)的主軸所運行的架構，透過演算法進行塑形與產出結果的模式將會因為有Ai（Artificial intelligence）的加入而更加容易，各種運算的複雜程式語言將可交辦給Ai進行處理，人工撰寫程式語言的時間與精力將會大大減少，**共同創造一個更有效率的流程。**

(3) BIM的應用將會趨向平台化：

不論是什麼軟體都已經意識到**開源的重要性**，也就是軟體的格式會更需要能夠互動流通，閉鎖在某一個軟體內的格式將很容易被使用者淘汰，而**平台（Platform）的接納度也必須不斷更新，讓接納各種格式檔案的流暢度越來越高**，也讓使用者的創作與資訊傳遞更加順利，讓真實的工程能夠提高效率，同時提早被檢核各種實務問題。

BIM應用於建築與空間將成為
最基礎的內容(ESG內容組構)

BIM的建模與繪圖將會
越來越簡單(參數資訊*AI)

BIM的應用將會
趨向平台化(開源與組織)

圖109：ESG+BIM-環境保護+社會責任+公司治理

1 前言

2 應用觀念

3 軟體操作重點

4 資源整合應用

5 成果導航

6 願景

ESG 與 BIM 的關聯性

ESG（為環境保護（E，Environmental）、社會責任（S，Social）以及公司治理（G，governance）的縮寫）的勢在必行，它是**評估"企業經營"是否具備可持續經營的方法**，特別關注企業在環境、社會和治理三個方面的表現。

在建築和設計領域中：

ESG的應用可以鼓勵建築師和設計師在設計過程中更加注重**環保（綠建築與健康建築）、社會責任（建築物對城市的影響，是否有提供社會環境的優化）和良好的公司治理（動線與建築物維護保養的可行度等）**，以下我們就這三個層面來跟大家說明設計者應用的可能性以及設計者運用BIM與ESG相輔相成的方式。

1. 在環境方面：

設計師可以設計出更加節約能源和水資源的建築與空間，減少建築對環境的衝擊與影響之外，也使用保護環境且無毒的材料進行施工，**讓環境與建築及空間產生更好的鍊接。**

2. 在社會方面：

設計師可以設計出更人性化的建築與空間，更加關注殘疾人士、老年人、孕婦兒童等人群的需求，優化動線的管理，也**讓建築或空間在設計時多考量人身安全或是角落危險的問題。**

3. 在公司治理方面：

設計師可以注重建築的穩定性、建築法規細節和行業規範等，並且**系統化整理建築物擁有者對於建築物保養的資訊**，在各個重要時機都能夠完整的應用。

4. 通過使用BIM創建虛擬建築及空間模型：

設計者可以在其中將建築設計、空間設計、建築材料、維護保養等資訊完整串接，**幫助建築師和設計師模擬建築與空間的性能**，例如動線管控、能源效率、照明、通風等等，從而更好地評估建築的可持續性；

5. BIM可以幫助建築師和設計師更好地評估建築與空間的可持續性：

BIM+ESG則可以**幫助他們將設計和建築過程中的可持續性原則納入到企業的社會責任和治理計劃中**，共同創建出更符合地球永續發展的願景。

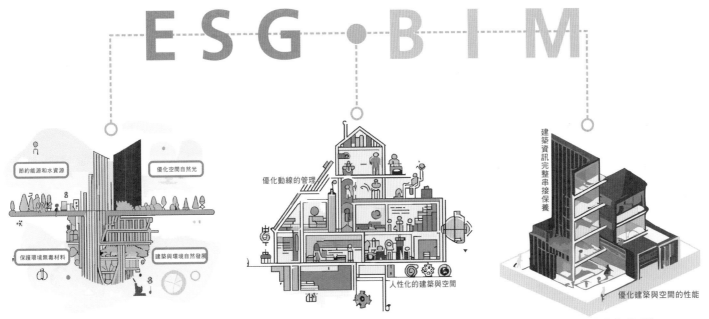

E·S·G · B·I·M

ENVIRONMENT 環境保護
節約能源和水資源/運用無毒材料/注重環保

節約能源和水資源
優化空間自然光
保護環境無毒材料
建築與環境自然發展

SOCIAL 社會責任
人性化的建築與空間/優化動線的管理

優化動線的管理
人性化的建築與空間

GOVERNANCE 公司治理
優化建築法規細節和行業規範且系統化整理建築物

建築資訊完整串接保養
優化建築與空間的性能

願景　　　　　　　ESG+BIM-環境保護/社會責任/公司治理

圖110：ESG+BIM-環境保護+社會責任+公司治理

1 前言
2 應用觀念
3 軟體操作重點
4 資源整合應用
5 成果導航
6 願景

Ai 與 BIM 的關聯性：

人工智慧（AI）和建築信息模型（BIM）是當今建築和工程領域中最為熱門的技術。它們都有著不同的功能，但它們之間有著密切的關聯性，而其關聯性在以下幾個方面體現：

01. 設計優化：

AI可以**使用機器學習和深度學習算法並通過分析建築物的外觀、功能、環境等因素**，提供更精確、高效的建築設計方案來協助設計師優化設計內容，而 BIM可以為AI提供資訊及數據，使其能夠更好地理解建築設計中的各種元素，從而提高設計的準確性和效率。

02. 三維立體（3D）模型與數據分析：

BIM生成的3D模型可以為AI提供更多的資訊與數據。這些模型內容包括建築結構、材料和環境、規範等信息，不但可以協助AI更精確地分析和處理這些資訊外，**BIM生成的3D模型還可以與AI相互結合（提供底圖進行快速模擬）形成更真實、更精確的模擬效果**，同時AI可以通過分析BIM數據，發現建築物的潛在問題，並且將這些模型用於測試建築與空間的安全性、美感（設計風格）、節能效率（能耗控管）、機能模擬（採光通風）等方面，為建築師和設計師提供更直觀的數據分析。

03. 建築與空間管理：

BIM在建築管理中扮演著重要的角色。**AI可以通過分析BIM數據，幫助建築師和工程師更好地管理建築物，提高維護效率和質量**，由於BIM中包含了建築物與空間的詳細信息，包括設備和材料等，特別是設備的保養資訊與提醒時間等，過往都必須仰賴人力不斷管控，AI可以通過分析這些信息，提供更高效的維護方案，以減少維護成本和時間。

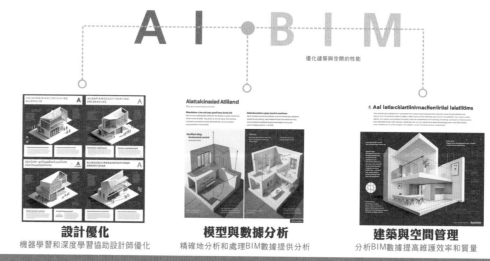

設計優化
機器學習和深度學習協助設計師優化

模型與數據分析
精確地分析和處理BIM數據提供分析

建築與空間管理
分析BIM數據提高維護效率和質量

願景 ｜ AI+BIM-設計優化+模型與數據分析+建築與空間管理

圖111：AI+BIM-設計優化+模型與數據分析+建築與空間管理

BIM 整合式優化的發展性

不斷持續整合並自然擴充資料庫的強大串聯

在建築、工程和建設領域中，BIM已經成為了一個重要且必不可少的工具，加上ESG與AI的時代趨勢與科技變革，**BIM整合式優化的發展性正在不斷地推動這個建設領域的創新**，同時也讓各種相關專業人員能夠更有效率與有效果地進行工作。下文將探討BIM整合式優化的發展的三個重要趨勢，以及說明其對設計業的影響。

01. 不可逆的平台化趨勢

隨著科技的發展，越來越多的建築設計、室內設計、施工和維護工作都開始運用BIM進行相關工作，而BIM是一個順暢的串連流程，也因此資訊的串流將會是重點之一，所以〔**軟體開始開源接**納不同軟體格式〕的平台化趨勢已不可逆，因為它為設計師、工程師和建築商提供了一個整合的工具，讓他們能夠更容易地協同合作，提高工作效率且可以助於減少錯誤和重複工作，從而降低成本和提高工程質量，**例如建築師將設計完成，取得建築執照後提交給營造廠的圖說，若是能以BIM的模型進行提交與討論，將會有更多豐富的資訊以進行碰撞測試**（包括管線與結構）。

1 前言

2 應用觀念

3 軟體操作重點

4 資源整合應用

5 成果導航

6 願景

Autodesk REVIT 直接轉檔置入

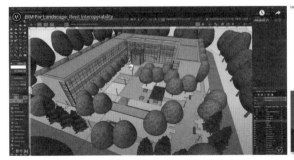

Vectorwork

ArchiCAD

SketchUP

願景（資料來源:Vectorwork/SketchUP/ArchiCAD）　　**各種軟體都可以相互轉檔的時機已到**

圖112：各種軟體都可以相互轉檔的時機已到

02. 各種軟體的轉檔與共用將會越來越方便

隨著BIM技術的發展，過往閉鎖式發展的方式將不復見，**開源接納不同軟體格式與共用的趨勢將變得越來越方便**。這意味著各種專業人員可以更容易地交流和共享資訊，從而提高協同合作的效率。此外，由於雲端資源已經相當完備，這樣的發展也相當有助於建立一個統一的資料庫（例如BIMobject），可以為所有相關人員提供實時且可靠好用的資訊跟資料庫。

03. 決策思考與管理控制將會是設計業的主要核心

BIM整合式優化的發展使得設計業在決策思考和管理控制方面發揮了相當重要的作用。**通過使用BIM**，設計師可以更快速地分析各種方案，從而**做出更明智的決策（絕非目前大家認為AI會讓大家失業的狀況）**，同時，管理控制也變得更加簡單，因為BIM可以自動生成各種報告和圖表，並交由AI協助分析或篩選，以便於追蹤項目的進度和性能。因此，BIM整合式優化將使得設計業專注於決策思考與管理控制，從而提高整體的專案品質和效率。

持續優化與更新的可能性

從各種產業鍊的機會串接設計發展的可能性

BIM持續優化與更新的可能性正在改變建築設計、室內設計以及相關產業的未來。通過BIM技術的發展，各種設計領域可以更有效地整合，並將機會與創新結合在一起。這種技術驅動的創新將有助於提高設計的質量和效率，滿足客戶的需求，並為整個產業帶來更多的競爭優勢。

未來，**BIM將繼續促使各種設計領域和產業鍊之間的合作與創新**。隨著BIM技術的不斷優化與更新，設計行業將能夠更好地應對市場的變化和挑戰（例如新冠疫情所帶來的全面式材料與工資漲價），提升客戶滿意度，並實現可持續的發展。因此，BIM技術的持續優化與更新將在未來的設計領域發揮越來越重要的作用，推動整個行業邁向更高的水平。

建築設計與營建設計的組合

在建築業，建築設計與營建設計往往被視為兩個相對獨立的過程。然而，隨著近年來科技的進步，這兩者之間的界限正逐漸變得模糊。通過BIM技術，**建築設計與營建設計能夠更緊密地結**合在一起。設計師和工程師可以共同創建一個統一的BIM模型（相較於現在，**假BIM或後BIM模型盛行，很難真正協助到工程端**），從而更有效地進行設計和施工。這種組合有助於提高設計的準確性和完整性，降低專案風險，並縮短建設週期，以下我們透過4個主軸來詳細介紹。

01. 提高協同工作效率

通過將建築設計與營建設計二者結合在一個統一的BIM模型中，**設計師和工程師可以在同一平台上進行交流和協作，避免了資訊傳遞中的誤差和遺漏**。此外，這種組合還有助於檢測和解決潛在的設計問題，以確保建築物在施工階段提早討論需求解決的技術問題。

02. 提高設計的準確性和完整性

由於BIM模型內容豐富，**包括建築物的物件型態、材料、結構和設備等多方面資訊**，設計師和**工程師可以根據這些資訊進行更精確的計算和分析以提高設計的品質**。此外，BIM模型可以同步實時更新，有助於確保專案成員獲取的資訊都是最新的，進一步提高設計的準確性和完整性。

03. 降低專案風險

通過對建築設計與營建設計的組合進行詳細分析，專案團隊可以提前發現可能存在的風險，並採取適當措施加以防範。**例如，可以在施工前對**

建築工程
Building construction

時間控管
Time control

預算考量
Budget

設計準確完整性

縮短建設周期

縮短建設周期

結構整合
Structure integration

BIM
Building Information Modeling

實時對照
Sync design

協同工作效率

降低專案風險

機電整合
ME integration

成本預估
Pre-estimation

衝突檢查
Conflict test

避免錯誤
Avoid mistake

願景 **建築設計與營建設計的BIM組合**

圖113：建築設計與營建設計的BIM組合

模型進行模擬，檢測是否存在結構弱點或設備配置問題，從而避免在實際施工中出現不可恢復的意外情況。此外，專案團隊可以根據BIM模型對工程進度和成本進行更為精準的預測，有助於降低專案的時間和經濟風險。

04. 縮短建設周期

通過建築設計與營建設計的組合，專案團隊可以實現設計階段與施工階段的無縫對接，大大提高工作效率。此外，**BIM模型可以方便地生成施工圖和相關文件，減少了手動繪圖和修改的時間。**
在施工過程中，BIM模型還可提供給現場人員詳細的施工指南，有助於提高施工質量和速度。

通過BIM技術將建築設計與營建設計緊密結合，可以實現多方面的優勢，它可以提高協同效率確保設計的準確性和完整性，降低專案風險，並縮短建設周期；隨著BIM技術的普及和發展，未來建築業將在這一領域取得更多創新和突破並為社會創造更多高品質的建築作品。

1 前言

2 應用觀念

3 軟體操作重點

4 資源整合應用

5 成果導航

6 願景

室內設計與建築設計的接軌

　　BIM技術的發展使得室內設計與建築設計的接軌變得更為簡單。**過去，這兩個領域可能相互獨立進行，但現在它們已經可以實現無縫融合。**室內設計與建築設計之間的合作變得更加緊密，有助於提高空間的功能性和美觀性。以下將說明BIM技術如何促進室內設計與建築設計的融合，以及這種跨領域合作所帶來的優勢，共分為3個主軸：

01. 室內設計師能夠更輕鬆地視覺化和修改室內空間

BIM模型使室內設計師能夠輕鬆地視覺化和修改室內空間，將其與建築結構完美地結合在一起。這樣的過程不僅**加快了設計過程，還有助於避免因結構問題而導致的後期修改**。例如，在醫院建築中，建築設計師需要考慮無塵室或負壓空間的設計，而室內設計師則需對應建築完成的BIM模型，有效率地輕鬆添加或修改室內空間的設備或元件。

02. 室內設計師和建築設計師之間的協同合作

這種跨領域的合作使得設計團隊能夠在整個設計過程中保持高度一致性，確保最終建築與室內設計能夠符合客戶的需求。例如，在住宅、集合住宅大廳與公設以及學校建築與教室裝修設計等專案中，室內設計與建築設計的整合都能夠帶來實質效益。

03. 提高設計的精確性和完整性

由於BIM模型包含了建築物的方方面面的資訊，設計師可以根據這些資訊進行更精確的檢查和分析，從而提高設計品質。此外，**若建築設計與室內設計有進行協作，BIM模型更可以實時更新，確保所有專案成員獲取的資訊都是最新的內容**，進一步提高設計的準確性和完整性。

　　BIM技術在室內設計與建築設計領域中的應用，不僅使這兩個領域的接軌變得更為簡單，還促進了跨領域的合作。這種合作有助於提高空間的功能性和美觀性，加快設計過程，優化後期修改的方便性，並確保整個設計團隊能夠保持高度一致性。未來，隨著BIM技術的普及和發展，我們有理由相信它將在室內設計與建築設計領域中發揮更大的作用，**推動行業更好地協同合作，為客戶提供更優質的建築與室內設計方案。**

1 前言

2 應用觀念

3 軟體操作重點

4 資源整合應用

5 成果導航

6 願景

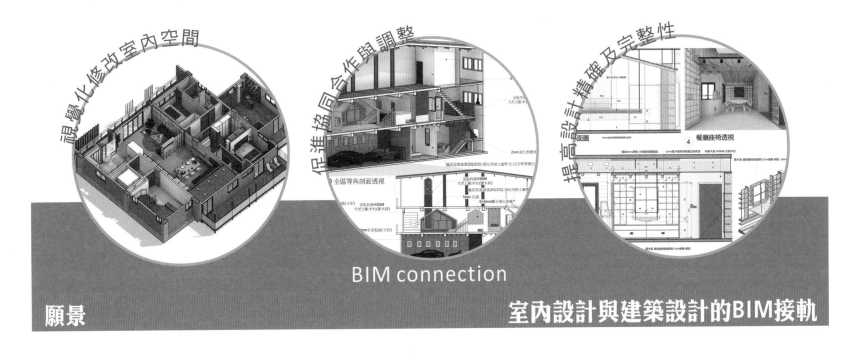

視覺化修改室內空間

促進協同合作與調整

提高設計精確及完整性

BIM connection

願景

室內設計與建築設計的BIM接軌

圖114：室內設計與建築設計的BIM接軌

室內設計與裝潢產業的串接

BIM技術在室內設計與裝潢產業的應用不僅加強了與其他相關產業的合作，還在很大程度上改變了整個行業的運作方式，此外，這還有助於提高設計的可行性和客戶滿意度，同時也**確保施工過程中的問題得到提前的討論與解決，減少了因為信息不對稱帶來的成本浪費**，還有助於縮短施工周期，也使得設計師能夠選擇最合適的材料和家具，並根據客戶的預算和需求進行優化，以下我們提出三個針對產業連動的重點說明。

01. 實現資訊或元件雲端共享

使建築師和裝潢設計師能夠與材料供應商、家具制造商等進行更緊密的合作。設計師可以**與材料供應商、家具制造商等進行資訊或元件共享（例如BIMobject）透過網站或通訊軟體進行資訊與元件的共享和實時更新**，各方參與者能夠更好地合作，實現更高效的設計過程。例如，在設計階段，設計師可以在元件或材料資訊中輕鬆找到價格、產品規格和可用性的重要資訊。（僅需由材料商進行快速整理與歸納，放至網站或傳送給設計師即可）

02. 提高施工過程工作效率

促使設計師與施工廠商及材料廠商進行協同合作。設計師可以與承包商和施工團隊共享BIM模型，或是提供局部BIM模型的雲端瀏覽權限，確保施工過程中的問題得到及時解決。不但**可以減少因為資訊不對稱（設計師才是設計的根源，更瞭解希望強化的細節）帶來的成本浪費，還有助於縮短施工周期。**

03. 跨產業合作有助於提高客戶滿意度

設計師可以根據客戶的需求和預算進行更精確的設計規劃，選擇最合適的材料和家具（**一旦材料或家具公司可以提供更完整的前置資訊，估價與材料選用就可以提前被統籌**），此外，由於BIM技術的實時更新功能（**對應真實專案施工進度與材料應用變更的即時對照**）使得設計師能夠及時了解施工與真實對應的呼應，確保專案按計劃進行，進一步提升客戶滿意度。

BIM技術在設計與裝潢業的應用將推動與其他相關產業的合作，一併連動的改變行業的運作方式。隨著BIM技術的不斷普及和發展，我們有理由相信它將在建築與裝潢設計行業中繼續發揮重要作用，**在未來，我們可以預見，BIM技術將進一步深化建築與設計業與裝潢產業的串接，並將廣泛應用於更多領域**，如基礎設施、土木工程、景觀設計等。隨著BIM技術的不斷創新，它將為設計師、承包商、材料供應商和客戶提供更多的機會和挑戰，並將整個建築與裝潢設計行業帶向新的高峰。

1 前言

2 應用觀念

3 軟體操作重點

4 資源整合應用

5 成果導航

6 願景

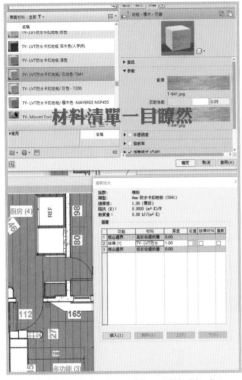

材料清單一目瞭然

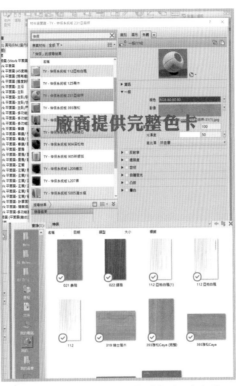

廠商提供完整色卡

家具模型完整下載

材料資訊或元件雲端共享　　　**提高施工過程工作效率(易改)**　　　**跨產業合作提高客戶滿意度**

願景　　　　　　　　　　　　　　　　室內設計與裝潢產業的串接

圖115：室內設計與裝潢產業的串接

與時代併進的設計思考

與自動化及 AI 時代的來臨併行前進的思考

隨著科技的飛速進步，自動化（Auto）和人工智能（AI）正逐漸成為建築和設計行業的主流趨勢。在這個時代，BIM技術持續創新和發展，以資訊流及參數運作緊密搭配，與時代同步前行的設計思考意味著**BIM技術需要與AI和Auto相互融合**，共同發展。然而，AI在BIM領域中的應用不僅不是威脅，更不是替代，**它是一個能夠協助將重複性工作或是極耗費時間工作的強大助力**。設計師能夠在BIM的軟體中透過外掛或是透過各種網站有效地應用AI所帶來的幫助，並且充分利用這些先進技術，應對市場需求的不斷變化和行業挑戰。當然，在AI剛剛起步就指出它能夠整個翻轉設計界是言之過早，但是它的學習速度是以前所未有的等比級數進行中，目前不可真實應用的內容也還相當多，但不可忽略的是，AI確實有助於提高設計師在某些工作內容的效率（例如提案並創造優秀和多元化的設計方案）。

AI發想初步選項 ⟶ AI選擇優化 ⟶ AI深化細節

願景　　Ai決策思考與管理控制基本流程

圖116：Ai決策思考與管理控制基本流程

1 前言

2 應用觀念

3 軟體操作重點

4 資源整合應用

5 成果導航

6 願景

願景

AI(Midjounrey)以圖反推描述的各種可能

圖117：AI(Midjounrey)以圖反推描述的各種可能

　　數據挖掘和投遞資訊學習是AI技術在設計創意方面的重要應用。通過分析歷史設計風格和設計師個人風格，AI技術可以為設計師提供具有個性化特徵的設計靈感。例如，AI算法可以分析過往成功案例中的設計元素，並根據設計者的提導詞（Prompt）需求生成新的設計方案。**此外，透過"以圖產圖（imagine）"和"以圖產字（describe）"等技術，設計師可以更直觀地呈現設計概念**，使客戶更容易理解和接受。

　　AI技術的應用也將有助於推動建築業的可持續發展。通過對能源消耗和材料利用的優化（**AI算法可以評估不同的設計選擇，並預測其對建築物整體能源效率的影響**）建築師可以透過輔助判斷以設計出更環保、節能的建築；同時還可以對結構分析進行自動化處理，從而幫助建築師更精確地確定合適的結構設計，減少材料浪費，並提高建築物的安全性。

　　若是設計業者能夠將AI與BIM技術相結合，**將可以協助BIM技術在設計過程中的自動化（Automation）和優化（Optimize）持續加強**，從而讓建築師和設計師能夠在更短的時間內完成更高品質的設計。隨著AI技術在設計領域的不斷發展和應用，建築師和設計師需要與時俱進，不斷學習和創新，以確保他們能夠充分利用這些先進技術，提高工作效率，創造更優秀且多元的設計。在AI時代，建築設計將不再受限於傳統方式，而是朝著更加智能、環保和個性化的方向邁進；透過這種合作，設計師和建築師將能夠更好地應對市場變化，提供更高品質的建築設計和裝潢方案，滿足客戶的需求，並為社會和經濟的可持續發展作出貢獻。

Ai 是威脅還是助力？

AI在許多方面已經對BIM產生了積極的影響，提高了設計的效率和精確性。然而，**有人可能會擔心AI是否會取代設計師的工作**。事實上，AI更多地是作為設計師的助力，而不是威脅。它可以幫助設計師在更短的時間內完成繁重的計算和分析工作，使設計師能夠專注於創意設計和策略性決策。然而，隨著AI技術在各個領域的快速發展，許多人對其在建築或室內設計領域的影響產生了疑慮。對於AI是威脅還是助力的問題，將從以下三個重點進行探討。

01. AI可以提高設計效率和精確性？

傳統的建築設計過程中，設計師需要花費大量時間進行繁瑣的計算和分析工作；然而，AI技術的應用可以大大減少這些工作量，通過使用AI進行能源消耗分析、結構分析、日照與室內照明等方面的優化，輔助設計師可以在更短的時間內完成更高品質的設計。

imagine

願景　AI(Midjounrey)建築設計-以原圖提示提供多元設計選項

圖118：AI(Midjounrey)建築設計-以原圖提示提供多元設計選項

1 前言

2 應用觀念

3 軟體操作重點

4 資源整合應用

5 成果導航

6 願景

MIDjounrey

Veras AI + REVIT

願景 AI(Midjounrey+Veras AI)室內設計-以原圖提示提供多元設計選項

圖119：AI(Midjounrey+Veras AI)室內設計-以原圖提示提供多元設計選項

02. AI能夠協助設計師專注於創意設計和策略性決策？

有了AI的幫助，設計師可以將更多的時間和精力投入到創意和策略性決策上，進一步提升設計水平。AI可以幫助設計師更快地生成和評估多種設計方案，從而使他們能夠更好地滿足客戶的需求。（**在這個過程中，設計師的專業知識和創意能力仍然是不可或缺的。**）

03. AI有助於建立跨領域合作

AI技術可以促使設計師、工程師和承包商之間的更緊密合作，共同應對設計過程中遇到的挑戰，這種跨領域合作可以提高設計的可行性，降低專案風險。

AI技術在BIM領域的應用對設計師來說是一個強大的助力，而不是威脅，它可以幫助設計師提高工作效率，專注於創意設計，並促進跨領域合作。在AI時代，建築設計將朝著更加高效、創新和智能的方向發展，為業界帶來更多的機遇和挑戰，**設計師需要善於利用AI技術，以應對不斷變化的市場需求和客戶期望。**

與自動化及 AI 時代的來臨併行前進的思考

隨著科技的飛速進步，自動化（Auto）和人工智能（AI）正逐漸成為建築和設計行業的主流趨勢。在這個時代，BIM技術持續創新和發展，以資訊流及參數運作緊密搭配，與時代同步前行的設計思考意味著**BIM技術需要與AI和Auto相互融合**，共同發展。然而，AI在BIM領域中的應用不僅不是威脅，更不是替代，**它是一個能夠協助將重複性工作或是極耗費時間工作的強大助力**。設計師能夠在BIM的軟體中透過外掛或是透過各種網站有效地應用AI所帶來的幫助，並且充分利用這些先進技術，應對市場需求的不斷變化和行業挑戰。當然，在AI剛剛起步就指出它能夠整個翻轉設計界是言之過早，但是它的學習速度是以前所未有的等比級數進行中，目前不可真實應用的內容也還相當多，但不可忽略的是，AI確實有助於提高設計師在某些工作內容的效率**（例如提案並創造優秀和多元化的設計方案）**。

數據挖掘和投遞資訊學習是AI技術在設計創意方面的重要應用。通過分析歷史設計風格和設計師個人風格，AI技術可以為設計師提供具有個性化特徵的設計靈感。例如，AI算法可以分析過

圖120：Ai應用對設計發想與估價前端輔助的可能性

1 前言

2 應用觀念

3 軟體操作重點

4 資源整合應用

5 成果導航

6 願景

圖121：運用Ai的思考層級

下圖：透過精心準備的提詞與詳細的說明，能夠從不斷生成的圖片繼續衍生出各種可以應用的內容，並且透過以圖生圖的角度持續的細化，過往需要耗費12小時的工作內容，現在可以透過AI輔助，將時間縮短到30分鐘，並且不用在電腦前工作，以網頁或APP就能持續進行工作內容。

這邊也提出能夠運行的三個重點：

01. 實務工作流程（根據設計者背景一例如公共工程／私人企業／私人住宅／室內設計／材料應用等都會有所不同）

02. AI應用著力點（提案／組織篩選／文稿生成／流程控管／EXCEL估算整合／報告書與PPT整合等）

03. AI與BIM的交互輔助（從自動化的參數與AI共同組構，並且創造出可經過縝密思索的人工智慧成果）

每個時代都有其重要的發展歷程，在AI世代席捲而來的這個時間點，更是我們可以重新思考整合設計流程的機會，祝每位讀者都能在自己喜愛的崗位中獲得最棒的回饋，一起加油！

圖122：AI(VerasAI+MIDjounrey)建築設計-以原圖提示提供多元設計選項

筆記區

1 前言

2 應用觀念

3 軟體操作重點

4 資源整合應用

5 成果導航

6 願景

選擇比努力重要，用心比用腦更有效，每一個踏出的步伐都值得喝采！cheers!

BIM－REVIT 建築與室內
設計應用攻略專屬線上課程

Designer Class 20

BIM-REVIT Design Guide 建築與室內設計應用指南

作　　者｜吳建禾
責任編輯｜許嘉芬
美術設計｜Pearl、Sophia
編輯助理｜劉婕柔
活動企劃｜洪擘

發行人｜何飛鵬
總經理｜李淑霞
社長｜林孟葦
總編輯｜張麗寶
內容總監｜楊宜倩
叢書主編｜許嘉芬

出版｜城邦文化事業股份有限公司 麥浩斯出版
地址｜104 台北市民生東路二段 141 號 8 樓
電話｜02-2500-7578
傳真｜02-2500-1916
E-mail｜cs@myhomelife.com.tw

發行｜英屬蓋曼群島商家庭傳媒股份有限公司城邦分公司
地址｜104 台北市民生東路二段 141 號 2 樓
讀者服務 電話｜02-2500-7397；0800-033-866
讀者服務 傳真｜02-2578-9337
訂購專線｜0800-020-299（週一至週五上午 09:30 ～ 12:00；下午 13:30 ～ 17:00）
劃撥帳號｜1983-3516
劃撥戶名｜英屬蓋曼群島商家庭傳媒股份有限公司城邦分公司

香港發行｜城邦（香港）出版集團有限公司
地址｜香港九龍九龍城土瓜灣道 86 號順聯工業大廈 6 樓 A 室
電話｜852-2508-6231
傳真｜852-2578-9337
電子信箱｜hkcite@biznetvigator.com
馬新發行｜城邦（新馬）出版集團 Cite（M）Sdn. Bhd.（458372 U）
地址｜41, Jalan Radin Anum, Bandar Baru Sri Petaling, 57000 Kuala Lumpur,
　　　Malaysia.
電話｜603-9057-8822
傳真｜603-9057-6622
總經銷｜聯合發行股份有限公司
電話｜02-2917-8022
傳真｜02-2915-6275

製版印刷｜凱林彩印股份有限公司
版次｜2024 年 2 月初版二刷
定價｜新台幣 799 元

國家圖書館出版品預行編目 (CIP) 資料

BIM-REVIT Design Guide 建築與室內設計應用指南
/ 吳建禾作 . -- 初版 . -- 臺北市：城邦文化事業股份
有限公司麥浩斯出版：英屬蓋曼群島商家庭傳媒
股份有限公司城邦分公司發行 , 2023.07
　　面；　公分
ISBN 978-986-408-937-6(平裝)

1.CST: 建築工程 2.CST: 室內設計 3.CST: 電腦繪圖
4.CST: 電腦輔助設計

441.3029　　　　　　　　　　　112005947